美女營養師實證！

234 瘦身 飲食法

減肥不減健康，55 道好油低醣家常菜，肉品海鮮、飯麵鍋物都能吃，1 年激瘦 23 公斤！

減重權威營養師／暢銷書作家

宋侑璇／著

轉角遇到的幸福

以前在宋老師的減重班中,我常笑稱:「別人是轉角遇到愛,我則是很幸運的在轉角遇到教我正確飲食的宋老師!」

在那段人生最沒自信及絕望的深淵,真的是老師的正確觀念,救我脫離那個「用盡不當減肥方式導致壓力,停藥後又更胖」的無限迴圈。

兩年多前產後正在坐月子的我,被婆婆當著家人面前批評:「胖成這樣真的很難看!」帶著產後抑鬱的情緒,一度封閉自己不想見人,之後我便瘋狂嘗試各種不同的減重方式,三餐吃中藥抑制食欲、雞尾酒式減肥藥一天吞約 20 顆藥丸、美容機構錢坑永遠填不滿,買了一堆推脂、溶脂課程,後來才驚覺身上脂肪永遠推不掉……這些錯誤的途徑一旦停藥或停止,都讓我的體脂越反彈越高,身體健康也出了問題,體脂來到37%,膽固醇更是 230 以上的超標紅字。

在萬念俱灰下,我在網上搜尋健康的減重方式,書籍熱銷排行上邂逅了宋老師兩本輕斷食的書,而後又幸運的看到了宋老師的減重班開班, 成為班上的一員。侑璇老師循序漸進,**帶領我們了解每天六大類食物的分量,少吃加工品,每天喝足夠的溫水,充足睡眠並適時運動,一年的時間,我的體重降了 14 公斤,體脂也從 37% 降至 29%,維持至今仍無復胖!膽固醇降至 190 的正常範圍,連之前肥胖引起的角化症也都改善許多。**

正確的減重讓我越來越健康,減重後改變飲食方式,吃好的食物讓我工作時神采奕奕,不像之前喝再多的茶、咖啡都覺得疲累。選擇對的飲食、生活方式這個觀念,我一定會堅持到老,因為我不只是想「瘦一陣子」,而是要「健康美麗一輩子」!

特教老師／Claire

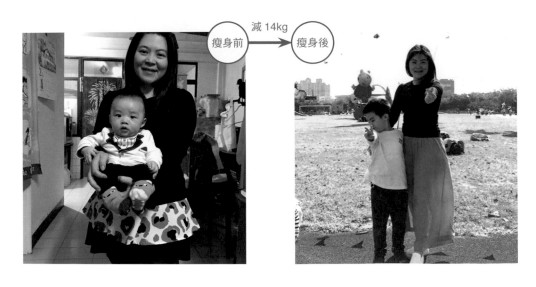

瘦身前 　減 14kg　 瘦身後

「234 瘦身飲食法」讓我戰勝病魔及肥胖，重新自己的彩色人生！

甲狀腺低下讓我暴胖到 80 多公斤，透過「234 減脂飲食法」一年瘦下 23 公斤

　　人生的路途上總是充滿驚喜與驚嚇，與上一本書相隔睽違 6 年，這 6 年來我可謂是與家人一起經歷了生老病死、生離死別，這些經歷讓我許多想法跟觀念越來越堅定：人，活著最重要；活著，健康最重要；健康之外，快樂最重要。人一生的時間有限，想清楚究竟什麼是最重要的，把時間花在值得的地方，因為我們沒有那麼多時間可以浪費。將近 20 年來的減重輔導歲月，看到許多民眾依然追求快速、不需控制飲食、不需運動的減重方式，甚至看到許多因為減重而失去健康的民眾，實在讓我覺得很擔憂。

　　這段期間，我辭去醫院減重班營養師的工作，本打算好好進修學業，但在學員的鼓勵與要求下，開了線上減重班的課程，就在一邊進修一邊輔導線上減重班學員的這段時間，我罹患了許多女性的噩夢：甲狀腺低下症，一開始還沒有意識到怎麼回事，只覺得異常疲憊、異常怕冷，食量沒有增加體重卻直線上升，抽了幾次血才確定是甲狀腺出了問題，於是開始服用甲狀腺素一直到現在。還記得當初每兩周回診時，量體重總是至少要增加 2 公斤，雖然醫生安慰我：「營養師，

你應該知道，自己已經算是胖很少的了！」

　　可是我怎麼可以胖呢？於是我一邊治療一邊尋找可以讓自己再次瘦下來的方式，參考了許多的飲食方式，也親身的實驗了。最後編寫了這一本「234 瘦身飲食法」，改變六大類食物攝取的比例並改變運動的方式，不但讓我成功戰勝甲狀腺低下而造成的肥胖，甚至開過刀的膝蓋也獲得了很大的改善。減重沒有捷徑，只有對的方法，再加上努力與堅持，相信我，你也可以做到！

　　如果你還在尋找減重方式，或是你還在猶豫要不要減重？那就快點開始用 234 減瘦身飲食法開始你的彩色人生！吃對的食物、做足夠的有氧運動再加上適當的肌力訓練，不但能順利瘦下來還能雕塑出您想要的曲線，快點加入我們的行列吧！如果你還是覺得自己一個人減重信心不足，那也歡迎你加入我的線上減重班唷！

宋侑璇

線上減重班
掃描 QRCODE，即可私訊聯絡我。

目錄 content

PART 1

「234 瘦身飲食法」讓你減肥成功，又不會減掉健康！

1 錯誤的飲食習慣，是現代人肥胖的主因！

2 「234 瘦身飲食法」是延續輕斷食最好的利器！

PART 2

「234 瘦身飲食法」這樣做，吃法彈性高不復胖！

1 執行「234 瘦身飲食法」的 3 大要領！

2 吃對「234 瘦身飲食法」的 6 大原則！

PART 3

營養師解密瘦身飲食法 3 大原則，這樣吃美味又低卡！

PART 4

營養師親研 55 道 **234** 瘦身家常菜，日日健康吃美味又飽足！

蔬食類

海鮮類

肉品類

PART 5

四週 FIT 循環運動，燃脂 UPUP！

PART 1

讓你減肥成功
又不會減掉健康。

234瘦身
飲食法！

1 錯誤的飲食習慣，是現代人肥胖的主因！

現代人取得食物過於方便，經常輕忽自己到底吃了什麼東西進到身體裡，時常覺得自己根本沒有吃什麼，可是體重與體脂肪卻還是不停的往上升。正因為沒有多餘時間去檢視自己的飲食習慣，加上作息不正確、活動量與運動量過少的狀態下，以至於身體無法消耗多餘熱量，而造成脂肪囤積。

高油高糖的飲食組合，讓你越吃越胖！

現代人幾乎都是「老外」——「餐餐老是在外」，有些外食粉領族喜歡去麵店用餐，點了一碗麵或飯後，再配點小菜，當然講求均衡者也不忘點一盤燙青菜，但是，大家注意到了嗎？往往店家都會多淋一匙肉燥，就等於再吃進一大匙油脂與大量鹽分，下午再喝一杯甜甜的冰涼飲品；又或者，早餐喜歡一杯大冰奶搭配漢堡或蛋餅、冰豆漿搭配燒餅等組合，這些都是常見「三高飲食組合」——高油、高鹽、高糖的精緻飲食。

外食時，常淋在蔬菜上的肉燥，往往是吃進更多油脂的飲食陷阱。

這樣的精緻飲食基本上就是等於高熱量，也就是導致現代人逐漸發胖的原因之一，根據國民健康署最新公布的 2013 ～ 2016 年「國民營養健康狀況變遷調查」顯示，台灣成年人過重及肥胖率竟高達 45%，其中男性有 53.4%，女性則有 38.3%，更是全亞洲肥胖冠軍。

增肌／減脂，其實是兩回事，吃錯反而變胖！

近年來運動意識抬頭，開始有了「增肌減脂」的觀念，身為營養師的我是非常樂見大家開始注重自己的健康及維持良好體態。然而，「魔鬼藏在細節裡」脂肪是無法直接轉換成肌肉的，減脂與增肌在體內是兩個完全不同的代謝路徑，所以要先了解自己的目標是什麼，才能事半功倍。

想增肌的族群除了要攝取足夠的醣類與蛋白質之外，總熱量的攝取也需要足夠，

時常有學員詢問為什麼我這麼認真運動了還是長不出肌肉？這種人通常是總熱量攝取太少了，相對的想減脂的學員，時常認為我已經運動這麼多，為什麼體脂肪還是無法下降？其實就是總熱量攝取太多了，先搞清楚自己現階段是該增肌還是減脂，才能讓減重與塑身可以輕鬆成功。

甚至有些人，因為誤解高蛋白飲食而吃錯肉，以燒烤、牛排、雞排、鹽酥雞等高脂、高熱量食物當蛋白質來源。因此，想要增肌但卻吃錯而無法達成減脂的目標，反而變成越吃越胖的案例也大有人在。

「增肌」、「減脂」是兩回事，在有運動的前提下，增肌雖然需要攝取足夠的醣類和蛋白質，但更重要的是需要攝取足夠的熱量，許多健身教練甚至會以大量攝取脂肪來達到熱量的需求，就如同歐美國家健身教練流行的「1：1：2 健身飲食法」25% 蛋白質、25% 澱粉及 50% 油脂，這和減脂飲食需要限制熱量與脂肪的攝取概念完全不同。

2 「234 瘦身飲食法」是延續輕斷食最好的利器！

一般需要減重的民眾應該先把目標設定在減脂，當體脂肪逐漸接近正常值時，再行搭配增肌飲食，屆時減脂與增肌飲食交叉使用，就能達到身材健美的目標。

常有學員問我，先前倡導「一週兩天 500 卡輕斷食」的方法，那其餘 5 天有沒有更具體的飲食方法，能延續減肥效果不復胖呢？當然有，我稱之「12345 飲食法」1 餐 500 卡，其中蛋白質占 25%、澱粉 35%、脂肪 40%，為了讓大家好記，簡稱為「234 瘦身飲食法」。

「234 瘦身飲食法」能兼顧均衡飲食及降低總熱量！

「減脂」顧名思義要減掉身體多餘的脂肪，因此，1 餐 400～500 卡將總熱量控制在 1 天 1200～1500 卡內，以維持身體基本新陳代謝，再搭配運動消耗熱量燃燒

脂肪，體態自然就能變精瘦。

　　而想要健康瘦身，體內的營養素一定要足夠且均衡攝取，也因此我設計「234 瘦身飲食法」是根據國民健康署飲食建議為基準，再以減脂需求來做調整：

蛋白質 25%——優質低脂蛋白質，從原定的 15% 提高到 25%，更人性化且更容易執行，同時避免減肥期間肌肉流失。

▶ 雞蛋擁有完整的營養，很適合減脂期間補充優良蛋白質。

澱粉 35%——澱粉屬於「醣類」，而非精緻「糖類」，吃對醣比不吃醣更能維持減重效果且健康。我將澱粉由建議的 60% 降低到 35%，且最好吃全穀類澱粉，能幫助大家在減重期間控制食欲，不會因為血糖震盪起伏過大而影響情緒與食欲。

▶ 澱粉要選擇全穀類，不僅擁有豐富 B 群同時具有高纖維特性。

脂肪 40%——關鍵是吃好油，吃身體需要的必需脂肪酸，可以幫助穩定血糖，增加飽足感，延後飢餓時間。

▶ 酪梨屬於油脂類，一口就等於一湯匙的油，食用時也要特別注意分量。

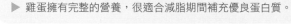

「234 瘦身飲食法」搭配輕斷食，快速度過停滯期！

　　在我序文中有提到「234 瘦身飲食法」，事實上是這兩年在我身體出現狀況時，透過自我調養過程中所得到的心得，同時我也將這個方法用在減重班上，尤其是針對「病態性肥胖」（BMI 大於 35）、或「內臟脂肪型肥胖」（指數超過 10）學員們減重效果更是明顯。

　　但減肥總是會遇到停滯期，這時可以搭配「每週 2 天 500 卡輕斷食」減脂效果更是顯著，而我書中所設計的「234 瘦身飲食餐」每一餐都控制在 500 卡以內，因此只要每個禮拜選擇兩天，分別選一道料理，分成兩餐吃，同樣可以達到 1 天吃 500 卡，對於想要速瘦、積極想消除脂肪者，效果相當顯著。

「234 瘦身飲食法」3 大特性，減肥風險小效果更顯著！

我所推行的「234 瘦身飲食法」具有 3 大特性，對於剛開始進行減肥的人，不僅做法簡單，也不會因為體重急遽下降，而造成身體不適感。

特性 1 三餐攝取醣類，安全不傷身！

近來倡導的低醣飲食，確實能快速達到瘦身效果，但前期很可能僅是身體脫水而使得體重減輕，長時間執行恐會造成身體其他傷害（詳細論述請見 P.17）。「234 瘦身飲食法」強調三餐都要攝取澱粉，吃澱粉是為了得到醣，**醣是身體正常燃燒脂肪的必需原料之一，也是 DNA 的原料，大腦唯一的能量來源**，當身體缺乏醣分時，脂肪無法正常燃燒就會產生酮體，不但對大腦有傷害，對肝臟、腎臟、心臟也會造成很大的負擔。

特性 2 提供足夠熱量維持基礎代謝率，有助燃脂不復胖！

很多人以為減肥就是吃越少越有效，這是錯的，因為當你吃太少或是節食，飲食攝取低於「基礎代謝率」所需的熱量時，身體會啟動保護機制，減少不必要的熱量消耗，因此新陳代謝會減慢。並且身體還會選擇性的燃燒「肌肉」來獲得所需的能量，一旦肌肉流失，「基礎代謝率」更降低了，這也造就了未來的「易胖體質」與「溜溜球效應」。

因此，當我設計「234 瘦身飲食法」時，可控制一天攝取 1200 ～ 1500 卡左右，每餐約 400 ～ 500 卡之間，已經足以應付一般人的基礎代謝率。也就是說，當我們攝入足夠維持基礎代謝的熱量時，爾後因為運動、勞力工作等所消耗的每日活動熱量大於基礎代謝率，身體便會燃燒體脂肪作為熱量的來源。

特性 3 不須特別禁食，食材選擇自由度高！

有過減肥經驗的人都知道，常有人會說那個不能吃，這個不能吃，搞到最後什麼都不敢吃，甚至連一點油都不敢碰。事實上，想要減肥成功首重均衡飲食，六大類營養素都應該攝取，包含全穀根莖類、豆魚肉蛋類、低脂奶類、蔬菜類、水果類、油脂類，我常告誡學員，一天至少要吃到 18 種不同食材，包含蔥、薑、蒜等辛香料，獲得足夠的營養素，才能讓身體正常運作。

「234 瘦身飲食法」並不會特別限制哪一類食物不能吃，而是要懂得「選擇」的重要，後面的篇章中，我會將六大類食材分成紅、綠、黃燈，提供大家在挑選食材時，心中有一把尺知道自己該吃什麼！

什麼人應該進行「234 瘦身飲食法」？

　　肥胖是現代人面對健康威脅的首要課題，它所帶來的危害更勝大家聞之色變的癌症。根據世界衛生組織發表「肥胖是一種慢性疾病」，比起健康體重者，肥胖者發生糖尿病、代謝症候群及血脂異常的風險超過 3 倍，發生高血壓、心血管疾病、膝關節炎及痛風也有 2 倍風險。此外，國民健康署調查中顯示，106 年國人十大死因中，包括癌症、心臟疾病、腦血管疾病、糖尿病、高血壓性疾病、腎炎、腎病症候群及腎病變、慢性肝病及肝硬化等都與肥胖有關。研究證實，當肥胖者減少 5% 以上體重（如成人 90 公斤，減少 5 公斤），就可以為健康帶來許多益處，甚至高血壓、糖尿病等與肥胖相關疾病，將可獲得一定程度的改善。

代謝症候群患者

　　許多民眾以為代謝症候群是指代謝很慢的一群人，其實代謝症候群是許多個容易導致心血管疾病危險因子的總稱，而非一個疾病或單一個症狀。

代謝症候群判斷標準為

❶ 腹部肥胖：男性的腰圍 ≧ 90 公分（35 吋），女性的腰圍 ≧ 80 公分（31 吋）。

❷ 血壓偏高：收縮壓 ≧ 130mmHg 或舒張壓 ≧ 85mmHg，或已經服用高血壓處方藥物。

❸ 空腹血糖偏高：空腹血糖值 ≧ 100mg/dl，或服用醫師處方降血糖藥物。

❹ 空腹三酸甘油酯偏高：空腹三酸甘油酯 ≧ 150mg/dl，或服用醫師處方降血脂肪藥物。

❺ 高密度脂蛋白膽固醇偏低：男性 ≦ 40mg/dl，女性 ≦ 50mg/dl 以上五項符合三項（含）即可判定為代謝症候群，代謝症候群患者經由飲食運動控制後多數人能回復至正常值，若不加以控制則會進一步成為三高的慢性病族群。

如果你是屬於中廣型肥胖（內臟脂肪肥胖者），即男性腰圍超過 90 公分，女性腰圍超過 80 公分，是代謝症候群中最重要的危險因子；一旦內臟脂肪堆積，易導致慢性發炎、糖尿病、高血壓、高血脂、增加血栓形成，引發腦心血管疾病。因此，務必要立刻進行「234 瘦身飲食法」加上消除肉臟脂肪的速度比皮下脂肪快，減肥效果一定更好。

體重正常，體脂肪過高者

許多不愛運動的瘦子或是愛吃甜食、炸物的人，體脂率很高，身體脂肪含量高，就是胖！請務必小心！這類人看似身材纖細，實際上體脂肪超過標準者，就是俗稱的「泡芙族」，根據國民健康署建議，正常男性的體脂率應落在 14 ～ 25% 之間，而女性約在 17 ～ 27%。且根據年齡不同，體脂率標準也會不同。

一般來說，30 歲以下男性體脂率標準應 ≦ 20%，女性則是 ≦ 24%；而 30 歲以上男性 ≦ 25%、女性則應 ≦ 27%。

這類人要先檢視自己的飲食習慣，戒除高油、高糖的食物外，並開始進行「234 瘦身飲食法」加強攝取高纖食材、多喝水提升代謝率，配合簡單的有氧運動與肌力訓練（詳見 P140）且時間最好維持 30 分鐘以上，更能有效燃燒脂肪。

坊間的減肥方法不斷推陳出新，從三日蘋果餐、斷食法、到現在最熱門的生酮飲食及低醣飲食等，皆有不同推崇者，現在就營養學的角度，解析以下常見的減肥方法優缺點。

● 生酮飲食

■ 油脂　■ 碳水化合物　■ 蛋白質

執行方法 每天的飲食，碳水化合物控制 5%；蛋白質控制 25%；油脂控制在 70%

優　點 1. 一開始明顯感受體重減輕。
2. 初期能有效控制糖尿病患者的血糖值。

缺　點 1. 身體機能會在不知覺的狀態下逐漸耗損。
2. 一旦恢復吃碳水化合物復胖機率很高
3. 易有掉髮、脫水。女性月經不順等問題。
4. 因為攝取大量油脂，總膽固醇通常會飆升。

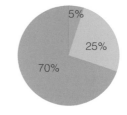

● 低醣飲食

執行方法 一天的碳水化合物控制 20%；蛋白質控制 30%；油脂控制在 50%

優　點 1. 一開始明顯感受體重減輕。
2. 減肥甜蜜期過了後，容易遇到停滯期。

缺　點 1. 沒有確實規範一天總熱量，易有熱量過量的問題。
2. 攝取低碳水化合物，食欲較難滿足，一旦鬆懈易引起暴食，使體重反覆。

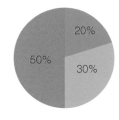

● 高蛋白飲食

執行方法 一天的碳水化合物控制 25%；蛋白質控制 50%；油脂控制在 25%

優　點 1. 一開始肌肉量會提升。可加速新陳代謝率。
2. 不易感到飢餓。

缺　點 1. 高蛋白飲品有時也是高熱量，一不謹慎反而越吃越胖。
2. 若運動量不夠，可能造成腎臟負擔。
3. 容易發生尚未減脂，卻練成大隻佬的壯碩體型。

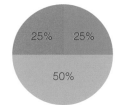

● 234 瘦身飲食

執行方法 一天的碳水化合物控制 25%；蛋白質控制 35%；油脂控制在 40%

優　點 1. 均衡攝取營養素，控制熱量及分量，能逐步達到安全瘦身效果。
2. 三餐均有足夠的碳水化合物及蛋白質，易有飽足感，餐間不易被豬附身。
3. 遇到停滯期，可搭配一週兩天輕斷食減脂，效果更顯著。

缺　點 無

從營養學來解惑「生酮飲食」，爭議在哪裡？

近年來最夯的飲食關鍵字「生酮」，儼然成為許多人的減肥方法，但身為營養師有義務要先讓大家了解什麼是「生酮飲食」，及對身體會產生哪些狀況，待大家一一釐清之後，我們可以居中找到適合每一個人的飲食法，減肥效果一樣好，且不需擔心操作難易度，甚至對健康更加分。

🔍 生酮飲食是什麼？

很多人都聽過生酮飲食，也知道它是低碳高脂的飲食方法，但我不建議大家在不知全貌的狀況下貿然執行。

首先，你必須知道「生酮」在人體代謝過程，是如何產出？

若你沒有攝取足夠的醣類、碳水化合物，那麼人體最重要的代謝之一的檸檬酸循環（TCA cycle）將無法進行，檸檬酸循環無法進行，就等於身體無法進行正常的能量代謝。

在正常的狀況下，身體會將醣類分解成小分子的葡萄糖，提供能量給大腦以及身體各處使用。若沒有攝取足夠醣類，身體會拿出肝醣提供能量使用，當身體儲存的醣類都用完的時候，身體便會選擇另一條脂肪代謝途徑，這好比氧氣燃燒不完全產生有毒氣體「一氧化碳」的概念，也就是我常說的「身體走歹路」。

因為我們的大腦只能利用葡萄糖，在沒有葡萄糖可以使用的情況下，才會勉為其難的用酮體作為能量來源，但因為酮體對人體是具有毒性的物質，大腦長期使用酮體做為能量來源，是否會傷害腦細胞？這是需要我們深思的。

另外，酮體要經過肝臟、腎臟代謝，並且代謝的過程中會帶走很多水分，身體脫水了，體重當然會往下掉，但這是脫水而非減脂。一般脂肪正常燃燒的情況下會產生 9 卡的熱量，但代謝成酮酸只會產生 7 卡，**雖然達到大量燃燒脂肪的目的，但也同時帶走很多水分，無形中就加大了肝臟、腎臟的負擔。**也就是說，利用不正常的脂肪代謝方式，會耗損大量脂肪而產生酮體，但同時身體也會流失大量水分，體重會變輕，事實上都是水分被帶走的關係居多。

短時間內你可能無法察覺身體受到傷害，那是因為大型的臟器代償力很強，可以承受較多、較長時間的摧殘，但長時間下來，對身體各個器官造成的傷害卻是不容小覷的。例如腎臟只剩下 20% 的功能，但是抽血檢驗腎功能指數可能還是正常的，你認為這個時候的腎臟還是健康的嗎？減重可能是為了愛美，也可能是為了健康，千萬不要因為減肥減掉了健康，那是最最最得不償失的行為。

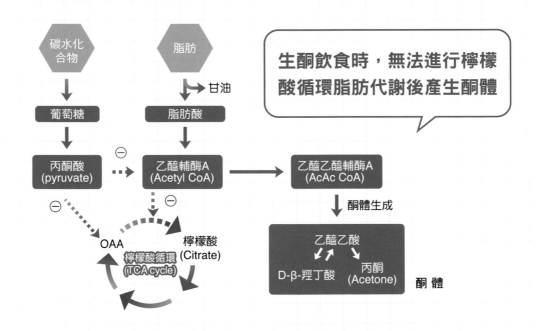

檸檬酸循環是最佳的代謝途徑！

檸檬酸循環，是有氧分解代謝的樞紐，是生物體中丙酮酸氧化，以及糖類、蛋白質或脂肪酸轉化成能量的重要途徑，反應在細胞的粒線體中進行，同時，檸檬酸循環的中間代謝物，又是許多生物合成途徑的起點。因此，檸檬酸循環，既是分解途徑，又是合成途徑，所以說檸檬酸循環是分解、合成作用的重要途徑。

然而，一旦飲食不當、身體過度勞累時，此循環將無法正常運作。當營養素不能完全發揮作用時，這些殘餘物將會轉化成乳酸，當乳酸累積時，我們則會感覺肌肉疼痛、神經疼痛和出現昏睡現象；而在血液裡所累積的乳酸將會形成酸性體質，也是引起慢性疾病的禍首。一個經常飲食不均衡、缺乏運動，加上生活或工作上承

受高壓的人，通常血液裡累積大量的乳酸，並且通常伴隨肥胖症、肌肉疼痛、高血壓、糖尿病和其他慢性文明病。

Q 生酮為什麼會瘦？

先前提到，生酮飲食法會瘦，最主要的原因是「脫水」。因為酮體就是一個脂肪燃燒不完全下的有毒產物，身體當然想盡辦法將它排出，所以前期快速降低體重，都是因為體內在代謝酮體時，水分的大量流失。

隨著生酮時間拉長，還是會減到體脂肪，而且你會發現自己慢慢吃不太下，食量變小，甚至有人進入斷食的階段，而爭議點在於究竟是熱量攝取變低而變瘦，抑或是生酮所造成，目前並無詳細的研究佐證。

· 生酮飲食的副作用

一般情況下，身體的各器官、組織，包括大腦在內，主要的能量來源是取自碳水化合物分解成的葡萄糖。當身體已經把飲食中攝取的葡萄糖消耗完，就會開始使用先前儲存起來的肝醣。當肝醣也用盡後，身體就會從脂肪分解脂肪酸，過程就會產生「酮體」，大量釋放到血液中。

採取生酮飲食，正是採取類似的概念，在身體缺乏碳水化合物提供的葡萄糖作為能量來源時，改採用燃燒脂肪作為替代方案，所以體脂肪的確是會下降。在分解體脂肪的過程中產生的酮體，如果量太大，大量進入血液後會產生副作用，例如噁心、嘔吐、脫水，甚至會有厭食現象等等。

· 「生酮飲食」並非「低醣飲食」

有人稱「生酮飲食」為「低醣飲食」事實上站在營養學角度，兩者是有差異的。生酮飲食所訴求為只能吃 5% ～ 8% 的碳水化合物，高達 70% ～ 80% 的高油脂食物，或許稱為「高脂飲食法」會來得更貼切。

事實上，看到更多聲稱「生酮飲食」的網友分享的餐點，其實更像是「低醣飲食」，因為一般人很難吃到如此高油脂的標準，且很難量化是否達標，而低醣飲食則是較為容易，只要拿掉很明確是碳水化合物的食材，基本上都可以稱為低醣或低碳飲食。到目前為止，仍有很多學員問我，生酮飲食是不是就是吃肉和菜，不要吃米飯、麵類呢？當然不是！且在沒有醫師的監控下，也不應該貿然嘗試生酮飲食。

PART 2

這樣做，吃法彈性高不復胖！

234瘦身飲食法！

1 ▶ 執行「234 瘦身飲食法」的 3 大要領！

大部分網路流傳的減肥飲食法，都只關注在怎麼吃？吃什麼？卻沒有明確指導執行者的日常生活該怎麼配合，讓成效更好，導致大家在瘦身路上跌跌撞撞，胖瘦反覆。現在我就一次說清楚，執行「234 瘦身飲食法」的 3 大要領，加速減肥進度！

要領 1 · 早餐吃對有助提升代謝！

我在上課時，會反覆告訴學員，早餐一定要吃！起床後 1 小時內食用正確的早餐，基礎代謝會提升 8% ～ 10%，相當於每天多消耗運動 30 分鐘至 1 個小時的熱量。人在睡眠時，新陳代謝率會降低，而進食時後大腦會發出訊號喚醒身體，告訴身體該起床工作囉！所以正確吃早餐的人，基礎代謝率會比不吃早餐的人上升 8 ～ 10%。

根據研究，不吃早餐代謝降低至少 15%，且會增加肥胖、心血管疾病的機率，加快老化的速度。這是因為，人在睡眠時，新陳代謝率很低，進食後腸胃開始蠕動，代謝才會恢復上升，所以早餐是恢復代謝速度的信號。

另一方面，根據 2017 年刊登於《美國臨床營養學期刊（The American Journal of Clinical Nutrition）》其中一篇研究就提到，長期沒有吃早餐習慣的民眾，因身體長時間處在飢餓的狀態下，除了會增加脂肪的氧化機率，造成身體出現輕度發炎反應外，同時，也會進一步干擾胰島素的敏感性，影響人體血液中葡萄糖的平衡，對人體代謝機能的正常運作帶來負面影響。

營養學
小教室

吃對早餐四大要點，至少提升 500 卡代謝率！

睡醒後的關鍵 1 小時一定要吃早餐，不管你是否要執行減肥，按照以下準則進行，都可以提升代謝、一整天維持好精神。

❶ 補充水分：睡醒馬上喝 300 ～ 500cc 的溫熱開水，解除一整晚缺水的狀態。

❷ 1 小時完食：起床 1 小時內一定要吃早餐，啟動身體機能開始運作。

❸ 早餐三要：早餐一定要吃的三種食物：全穀根莖類澱粉半碗，一至兩份固體蛋白質，一碗熱的蔬菜。

❹ 早餐三不：

· 不吃冰→體溫升高 1 度 C，基礎代謝率會提高 6 ～ 8%，相對的，吃進冰冷的食物，也會讓代謝降低。剛起床時體內的代謝是緩慢的，應該吃進熱食讓身體代謝復甦，如果這時候吃喝冰冷的食物，必定使體內血流更加不順、代謝更加緩慢。要記得，人體永遠喜歡溫暖的環境，身體溫暖，代謝循環才會正常，氧氣、營養及廢物等的運送才會順暢。所以把冰咖啡換成熱咖啡、冰奶茶換成無糖熱豆漿吧！

· 不吃甜→早上空腹時，所有甜的食物都不建議食用，例如蛋糕、果醬、奶茶、加糖豆漿、含糖咖啡、芋頭麵包、紅豆麵包等，甚至水果也不建議在一早空腹的時候食用。早上起床時，血糖是一整天最低的時候，吃什麼都吸收很快，尤其是糖，會造成血糖迅速上升，血糖上升後，身體就會趕快分泌大量胰島素，想讓血糖下降，血糖一旦下降了，你又會覺得好像餓了，這樣一來一回造成血糖震盪，就是我常常說的整天都被豬附身。

· 不生食→前面說過熱食可以促進代謝，那相反的，如果一早空腹就食用生冷的食物，就會讓代謝降低，而生食大部分都是冷的或冰的，所以也不建議一大早空腹食用。另外，沒有經過冷凍的生魚片，容易有寄生蟲疑慮，生菜為了要使保存期限延長，也會使用殺菌劑等化學藥品處理，吃多反而造成身體負擔。

要領 2 · 睡對時間有助分泌瘦體素！

現代人習慣晚睡，多數人超過晚上 12 點才就寢，研究發現，**睡眠不足容易引起身體分泌過量的「飢餓荷爾蒙」（ghrelin），導致食欲增加**。這就是為什麼我常說，長期熬夜，外加飲食沒辦法控制，就容易被豬附身。建議睡眠時間調整到晚上 11:00 以前就寢，足夠的睡眠可讓身體正常分泌「瘦體素（Laptin）」，這是能有效控制食欲與代謝的荷爾蒙，長期瘦體素分泌不足，當然就瘦不下來啦！

要領 3‧ 多喝水代謝快、不易飢餓！

　　大家都知道，減肥的主要利器就是水，每日喝水的量，應是體重乘以 35 再加 500 ～ 1000cc。一般來說，依照體重每天要喝 2000 ～ 3000CC 的溫開水，不但可增加代謝率，還能幫助控制食欲，當身體缺水時，大腦會發出要你進食的訊號，藉以得到足夠的水分，但是通常我們吃下的都是食物，而不是水分，久而久之就使我們吃下過量的食物，所以如果你的水分攝取足夠，食欲也能得到相對的控制，比較不會動不動就想要吃東西。

　　另外無糖咖啡和無糖茶類可以喝，但不能計算於每日的飲水量中。此外，湯是絕對不能喝的，因為含有大量鹽分、油脂，是阻礙減重成功的地雷。記得要每天提醒自己持續喝水，不僅可以幫助控制食欲，還能讓代謝變好喔，但睡前 1 小時不可大量飲水，以免晚上睡不好。

2 ▸ 吃對「234 瘦身飲食法」的 6 大原則！

原則 1【複合型澱粉】：加強熱量代謝的動力

　　前陣子流行的生酮減肥法，這種激烈的禁醣／糖的手段，看起來好像可以在短時間內瘦下來，但卻會非常傷身體，若只吃蛋白質跟脂肪會使身體缺水，造成短時間內瘦下來的假相，其實只是身體脫水了，另外產生的酮體，對身體是具有毒性的，酮體經由肝臟、腎臟代謝，當體內酮體濃度越高，對身體內臟危害就會越大，甚至會影響心臟與腦部。

為什麼要每餐都有澱粉？

　　在正規的營養學上要達到減肥的效果，我們鼓勵要吃醣而非糖。吃澱粉是為了得到醣分，而醣分是 DNA 的原料，另外大腦唯一的能量來源是葡萄糖，缺乏醣分時

大腦為了維持人體正常運作，只能勉為其難的將酮體做為能量來源，而酮體對人體是有毒性的，如果大腦長期以酮體作為能量來源，將會導致大腦與其他器官不可逆的傷害。此外，**醣類是啟動能量代謝主要的原料，有足夠的醣，才能有燃燒熱量的動力。減重期間此類食物每日所需分量為四到六份，一份為四分之一碗，也相當於五十公克。**

要吃全穀雜糧的好澱粉！

全穀雜糧類，是指沒有經過精緻化，膳食纖維較多、易有飽足感，加工少，保留較多的營養成分，例如：糙米、大麥、玉米、南瓜、山藥、紅豆、蓮子、薏仁、綠豆、皇帝豆、栗子、菱角等，而全穀類的麩皮富含豐富維生素 B 群，因此，對於一般民眾來說，不需要特別補充 B 群，從食物本身就能夠攝取到足夠的維生素 B 群。

全穀根莖類細分為三種：不須加工、稍微加工、精緻加工

❶ 不須加工：即採收後，煮熟後可以吃的，例如糙米飯、紅豆、綠豆、蓮子、薏仁、菱角、芋頭、燕麥、玉米、地瓜、南瓜、山藥、馬鈴薯、蓮藕、皇帝豆

❷ 稍微加工：冬粉、米粉、白麵、台南意麵、烏龍麵、芋圓、粄條、白吐司、饅頭等

❸ 精緻加工：亦即上面兩種再加入油鹽糖予以加工處理，如炒飯、肉圓、油飯、麵包、蛋糕、蛋塔、芋泥餡、紅豆餡等。

一般市面上的養生饅頭，如果加了葡萄乾、蔓越莓、堅果，要算是精緻加工物，尤其是果乾類，為了使口感更好，通常還會添加油脂，所以果乾不只有濃縮的甜味，還有額外的油脂，減重期間不建議食用。另外，烤地瓜因為烘烤過脫水，體積變小，計算分量時，**烤地瓜一份要比蒸地瓜還要小約 20%**，可以選擇的話，建議吃蒸的或水煮的比較好。

第二類「稍微加工類」有很多陷阱，如意麵若是乾麵那種屬第二類，但如果是圓圓一個，做鍋燒意麵的，就是精緻加工類。米粉、冬粉等並不會像米飯這樣單獨搭配菜肴食用，通常需要另外添加油、鹽，所以攝取時這一類食物，會比不需加工的全穀根莖類，多吃進許多油與鹽，也是不利於減重的。

最後，夏天人手一杯的手搖飲，內含的糖、黑糖、蜂蜜、楓糖、麥芽糖等，都是精緻加工類，所以吃剉冰很可怕，一盤熱量可能高達 700 大卡，十分鐘就吃完，卻要運動 2、3 小時才能把吃進去的熱量消耗完，想一想值得嗎？因為剉冰的配料大部分是澱粉，再加上煉乳（鮮奶油＋糖所製成，奶的成分很少）、糖水，就算是冬天吃燒仙草，也差不多是這樣，減肥期間一定要避免。

原則 2【正確吃好油】可以平衡荷爾蒙

有學員問，吃油和吃澱粉何者容易胖？事實上，只要吃超過身體所需的熱量都會胖。食用油脂分為植物油和動物油，分別討論一下兩者的不同：

❶ 植物油：如沙拉油、橄欖油、葡萄籽油、芥花油、葵花籽油、苦茶油、麻油等，富含我們需要的必需脂肪酸，這是合成細胞膜、荷爾蒙的必需要素，如果不吃植物油，一段時間後，身體就會出現缺乏必需脂肪酸與脂溶性維生素的問題，短期間可能會出現掉髮、皮膚粗糙等現象，長時間會導致細胞膜無法修復、荷爾蒙失調，對身體造成的傷害，也多是屬於不可逆的，所以減肥期間，絕對不能不吃植物油。

❷ 動物油：如豬油、牛油、雞油等，必需脂肪酸含量少，我們終生不吃動物油，也不會對身體造成危害。但有人會說，用沙拉油炒菜，油煙容易黏在抽油煙機上，豬油都不會，是不是表示豬油比較健康？當然不是，那是因為沙拉油的結構較鬆散，不耐高溫，動物油結構比較紮實所以較耐高溫，其實不管是動物油或植物油，經過高溫加熱，都容易產生致癌物質，所以重點是盡量少吃高溫油炸、熱炒的東西，多食用汆燙、蒸煮的食物。

研究顯示，長期食用大量動物油的人，易引起與荷爾蒙有關的癌症，女性就是乳癌、卵巢癌，男性就是前列腺癌等，長期大量吃動物性油脂的女性，罹患乳癌的機率是一般人的七倍。

動物油另一個可怕的地方是：會累積毒素，像戴奧辛、重金屬等毒素，因為毒素大都是脂溶性的，溶解在油脂裡面，像動物油、內臟、肝臟、皮下脂肪及內臟周邊脂肪等，所以如果你吃下大量的動物性油脂，吃進毒素與重金屬的機率就相對增高。

有什麼東西看起來不是油，其實是油？例如芝麻、花生、各類堅果、酪梨、魚

卵、蝦卵、鮮奶油、奶精、美乃滋、比薩用的起司絲，油脂含量高，都應歸在油脂類。此外，烏魚子也是屬於油脂，鮭魚卵蓋飯等於豬油蓋飯，其他如牛小排、雞翅膀、肥肉等高脂肪肉類，脂肪含量更是高。

原則 3【中低脂肪肉類】蛋白質的來源

減肥過程中，攝取蛋白質尤其重要，葷食者可以從肉類補充，素食者則多以黃豆製品獲取。

要注意的是，豆魚肉蛋類脂肪含量多寡，有很大的差異，以下我將詳細說明：

❶ 低脂：每 1 份為 55 卡

- 板豆腐、無糖豆漿、豆干、蛋白
- 豆腐半盒＝ 1 份
- 市售無糖豆漿一份約 400c.c；自製豆漿一份約 240c.c

❷ 中脂：每 1 份為 75 卡

- 全蛋、豆包（無炸過）、千張
- 去皮家禽類（不帶皮的雞、鴨、鵝肉）
- 去皮、全瘦的家畜類（如豬里肌肉）
- 水產海產（無頭、無皮、無內臟）例如：花枝、章魚等

❸ 高脂：每 1 份為 125 卡

- 含皮的家禽類（如雞翅、雞腳、鴨掌、含皮的雞腿等）
- 帶少量油花的家畜類（如梅花肉等）
- 家禽、家畜的內臟類（如豬肝、雞心等）
- 水產海產類的頭、皮、內臟（如魚肚、魚皮）

❹ 特高脂：每 1 份為 170 卡

- 如豬、牛五花肉、牛腩、香腸、貢丸、火鍋餃類

小心陷阱！不是豆腐的「豆腐」！

❶ **芙蓉豆腐、蛋豆腐**：主要由雞蛋製成，還有鹽、柴魚汁，完全不含黃豆，可能讓人會不知不覺中，吃進過多膽固醇與鈉。

❷ **魚豆腐**：火鍋料常見的魚豆腐，雖然成分裡列有黃豆，但仍以魚漿為主，很難探究魚肉的來源與品質安全。魚豆腐的糖、油與鹽一個也沒少，也添加了具有增稠、結著等作用的食品添加物「修飾澱粉」，徒增熱量卻無營養。

❸ **杏仁豆腐**：原料裡並沒有黃豆。主要由杏仁、糖、鮮奶或奶粉製成，還有些添加含有飽和脂肪酸的精製椰子油，攝取過量會增加罹患心臟病的風險。

真正的「百頁豆腐」又名「千張」

❹ **百頁豆腐**：傳統的百頁豆腐，由豆皮一層層壓製出來，中國地方又稱為「干豆腐」，又名「千張」。但現在市售「百頁豆腐」，多數只剩其名，主要是由人工萃取的大豆分離蛋白製成，算是一種新興產品。

　　雖然蛋白質含量高，但黃豆本身富含的其他營養例如異黃酮、卵磷脂或微量元素，經過加工後是否存在，可能是個問號。

此為市售的「百頁豆腐」，熱量超高

　　百頁豆腐裡的沙拉油、砂糖與鹽，讓每 100 克百頁豆腐的熱量飆上 215 卡，是盒裝嫩豆腐的 4 倍，吃完一包重約 500 克的百頁豆腐，熱量已破 1000 卡。

原則 4【吃大量蔬菜】有助腸胃蠕動、加強代謝

　　蔬菜絕對是減肥的小幫手，富含膳食纖維、維生素、礦物質可以加強排除腸道的廢物，促進新陳代謝，但注意吃蔬菜有兩大祕訣：

1‧每餐至少要有一碗以上蔬菜

　　從早餐開始吃一碗蔬菜，喚醒腸胃開始工作，提升基礎代謝率，讓你瘦得不知不覺。

2‧盡量吃熟的蔬菜

生菜體積大，不容易吃足量，足夠量的蔬菜能夠提供身體必需的維生素、礦物質，穩定代謝，另外，足夠的膳食纖維，能帶給你飽足感，還能預防便祕與大腸、直腸癌。

原則 5【適量低醣水果】補充微量元素、礦物質

吃水果可是大有學問，吃得對是加速減重，吃錯反而會拖累減肥效果。水果富含維他命 C，維他命 C 是燃燒脂肪不可或缺的維生素之一，但是水果也同樣含有大量的果糖，果糖屬於單醣類，吸收速度很快。**被迅速吸收的果糖，會直接進入肝臟代謝，若一次攝取太多，肝臟代謝不掉，則有可能轉變為脂肪，儲藏在肝臟，即為脂肪肝。**

安心吃水果的秘訣！

吃水果盡量要選擇熱量低、醣分少的四大天王：大番茄、芭樂、青蘋果、葡萄柚。小番茄甜度太高、紅蘋果的甜度通常比青蘋果高。而絕對禁止的水果有榴槤、酪梨（95% 以上是脂肪）、香蕉（沒有維他命 C，把它當成澱粉，一根香蕉等於一碗飯）要注意分量食用。

❶ 一次一個拳頭大小

每次水果攝取的分量為一個拳頭大小，水果的糖分是果糖屬於單醣類，吸收速度快。而且果糖吸收後直接由肝臟代謝，如果攝取過多果糖，肝臟會直接將之轉變脂肪儲存。所以吃水果忌大量，以你自己一個拳頭的量為原則，選擇自己喜歡吃的水果。

❷ 在餐與餐之間食用

水果食用的最佳時機為早餐後午餐前，午餐後晚餐前。再次提醒熱量低、醣分少的水果四大天王：大番茄、芭樂、青蘋果、葡萄柚，如果你希望減重事半功倍可以多選用。

原則 6【低脂奶類保骨本】補充鈣質與維生素 B2

奶類含有豐富鈣質與維生素 B2，但是奶類的油脂，同樣屬於飽和脂肪，並且含有膽固醇，**所以建議食用低脂奶類，不但能得到奶類的優點，又能避開缺點。**

3 ▸ 掌握「234 瘦身飲食法」的攝取分量！

　　認識 5 大營養素後，在開始吃 234 瘦身飲食法前，要先了解實際吃的分量，才能確實掌握到每餐可吃下肚的食物量，我利用家中都會有的碗盤、湯匙等簡單的測量方式，方便大家紀錄及利用。

　　下圖我以第一章提到所謂的「234 瘦身、飲食法」每餐應含有 25% 蛋白質、35% 碳水化合物及 40% 油脂，來分配實際吃的分量。

全穀根莖類
每餐 1/3 飯碗
Whole grain
carbohydrates

蔬菜類
每餐
1～2 飯碗
Vegetables

油脂類
每餐
1 湯匙油脂
oil

234 瘦身飲食法
請你跟我
這樣吃！

水果類
1 天
2 份水果
Fruit

奶類
1 天 1 杯
低脂奶類
Low fat milk

豆魚肉蛋
每餐
1～2 份
Protein

「234 瘦身飲食法」的每餐建議食物量

低脂或中脂的豆蛋魚肉類：

每餐約為 1～2 份蛋白質＝1份約等於 1 顆雞蛋，或 3 根手指大小的瘦肉或魚肉，或 240cc 無糖豆漿，半盒盒裝豆腐或一個田字大小的板豆腐。

全穀根莖類：

每餐為 1/3 飯碗，也就是 50～75 公克。

油脂類（食用油、堅果類、酪梨）：

每餐約為 1 湯匙，約 15 公克

蔬菜類：

每餐至少要有 1 個飯碗以上的煮熟蔬菜量，約 60～80 克

水果類：

每天約 2 個拳頭大的水果

低脂奶類：

每天 1～2 杯。

PART 3

這樣吃，美味又低卡！

營養師解密
瘦身飲食法
3大原則

1 - 2 要：醣、糖兩種都要攝取，關鍵在糖分量！

2 - 3 好：優良油品，優質蛋白質，好澱粉，維持身體所需養分

3 - 4 煮：以蒸、煮、炒、拌為主，不油炸，減少身體多餘負擔

1 2要：醣、糖兩種要分清楚，關鍵在糖分量！

這幾年低糖風潮盛行，但過度渲染下大家聞「ㄊㄤˊ」色變，甚至發起戒糖、戒澱粉等極端飲食方法。事實上，所有營養素對人體而言都是必需的，沒有醣，生命就無法維持，所以適量澱粉類是必須的。

對人體沒有益處的糖，指的是單糖、雙糖這一類在腸胃道能夠快速吸收的糖，如蔗糖、果糖、蜂蜜、楓糖漿、麥芽糖等，但是這些糖又有致命的吸引力，要人完全不吃，幾乎是做不到的，於是世界衛生組織（WHO）就幫大家找出了建議攝取量，也就是說在建議量內，能享受糖帶來的美味，又不至於對健康造成太大的影響。

世界衛生組織（WHO）建議，糖量攝取量應在總熱量的 10% 以下，甚至降低至總熱量的 5%將更為理想，若以成人每天攝取 2000 大卡計算，則來自糖的熱量應低於 100 大卡，一克糖約 4 大卡，也就是每天糖攝取量不可超過 25 克，若要減肥者可以再下修吃 10 克甚至完全戒掉「糖」。

1 日糖 WHO 建議攝取量		
	成年男性	成年女性
每日建議攝取熱量	2000 ～ 1800 大卡	1600 ～ 1400 大卡
每日建議攝取醣類分量	25 ～ 22.5 克	20 ～ 17.5 克

然而，日常飲食中處處可見糖的蹤跡，早上一杯奶茶就可能含有大量的蔗糖，餐後的養樂多也有糖，下午再吃一下團購零食、喝個手搖杯等，一天下來糖的攝取量鐵定爆表。因此，學會閱讀營養標示，看清楚食品中有多少隱藏糖，便是現代人最重要的營養課題喔！

- **營養標示最重要的就是確認一包所含之份數，以下方餅乾、飲料營養標示作為示範：**

　　圖示中**本包裝含有 10 份**，每一份量為 50 克，若你吃了 100 克，便為 2 份，則糖攝取量為 3.4（克／份）×2（份）＝ 6.8 克。約吃了 1.2 顆方糖。其中熱量 237 卡 × 2（份）＝ 474 克。因此，吃 100 克的餅乾就等同攝取一份正餐的熱量，所以熱量其實不如你想像中低！如果你一邊看電視一邊把整包吃光了，那就等於吃進去了 2370 卡，光是一包餅乾，就已經超出你一整天的熱量需求。因此，下次選購點心或飲品前，不妨仔細閱讀營養標示的訊息，甚至不要讓這類食品出現在您的視線範圍。

餅乾包裝營養標示

　　再舉例，很多人早餐愛吃的麥片配牛奶，也絕對是高糖陷阱，依圖中水果麥片的營養標示中，**本包裝含有 10 份**，每一份量為 50 克，若你早餐吃了一份 50 克，就表示攝入 9.1 克的糖份，一餐的糖類攝入就超過每日建議量的一半了。

水果麥片外包裝營養標示

- **小心！所謂「無加糖」、「代糖」加工食品的陷阱！**

　　當然，也會有不少學員跟我說，最近都選擇無加糖、或是標榜低卡、低糖的加工食品來吃，覺得相對安心、健康一點。事實上，很多人以為只要「低糖」，就能減肥及降低影響健康的風險。這些年，即使大家心中想著減糖，但市面上甜味劑、代糖的需求，則是不降反升，如被廣泛使用在口香糖的木糖醇、山梨糖醇，以及運用在碳酸飲料、烘培食品、果凍、布丁、糖果、罐頭食品、優格、調味乳等奶類製品，常見的有阿斯巴甜、糖精、甜精、蔗糖素等。

碳酸飲料的外包裝營養標示

但值得注意的是，合成甜味劑雖然標榜沒有熱量或低熱量，但目前對於非單一食品添加物在體內的代謝，仍未非常明朗，也沒有食品添加物之間，是否會互相產生化學作用的研究，建議量或容許添加量也都是針對單一食品添加物，那麼，你有想過這些添加物全加在一起，吃到肚子裡的變化究竟是如何？對你的健康究竟會造成怎麼樣的危害呢？

仔細看其中玄機，成分中有幾樣是認識的？色素、香料、甜味劑都是屬於食品添加物，其中的「焦糖色素」更是已經被證實為致癌物質；另外鈉的部分，「鈉」每份 330ml（約一瓶）含量有 30 毫克，一天若喝超過兩瓶，加上一般吃飯的食用鹽，鈉含量絕對會超過標準（每日攝取量，鈉的總量不超過 2400 毫克。），這也是讓你莫名其妙瘦不下來的原因之一喔！

2 ▶ 3 好：優良油品，優質蛋白質，好澱粉，維持身體所需養分。

在第二章提過「234 瘦身飲食法」的 6 大原則，簡單來說，就是要吃對 6 大種營養素，包含「複合型澱粉＝全穀雜糧」、「正確吃好油＝優良植物油品」、「中低脂肪肉類＝優質豆魚肉蛋類」、「吃大量蔬菜＝多樣化維生素」、「適當低醣水果＝豐富維生素 C」。

一般人減肥路上第一步，就是少吃肉類或降低碳水化合物的攝取量，改吃很多生菜沙拉，確實體重剛開始會掉很快，但身體開始減少蛋白質、礦物質及維生素等營養成分吸收後，率先消耗掉藏在肌肉裡的蛋白質，因此，你的身材肌肉會開始像土石流一樣垮掉，接著出現掉髮、體力不支、臉色蠟黃等醜態，減掉的是肌肉與水分，但往往恢復飲食後及體重回彈，增加的卻是體脂肪，甚至比減重前更高。

● **想健康瘦下來，均衡減量的飲食才是正確的選擇！**

每餐攝取 1 ～ 2 份蛋白質，約等於 1 顆雞蛋、或 3 薄片瘦肉或 3 根手指頭大小的魚肉，或 240cc 無糖豆漿或牛奶，或 100 克豆腐。

油脂的部分，可以 1 小把無調味綜合堅果取代一部分食用油，補充「維生素 E」、「亞麻油酸」和「花生四烯酸」等，能有效維持肌膚彈性。

澱粉則要選擇富含「維生素 B」、「礦物質豐富」的全穀雜糧類，例如糙米、五穀飯、小米、蕎麥等。這類碳水化合物含有豐富營養素，能將食物代謝轉化成能量，有助身體新陳代謝加強燃脂力。

3 ▶ 4 煮：以蒸、煮、炒、拌為主，不油炸，減少身體多餘負擔。

在經過多年的宣導，大家都知道要吃原型食物才健康，但烹調的方式也是一道關卡，就如同大家都愛吃雞肉，若你吃的是烤雞、白斬雞，那麼我會給你按個讚，因為確實吃進豐富營養的優質蛋白質；但如果你今天吃炸雞排、或炸豬排，不僅會吃進大量劣質油品、高鹽份和油炸後的致癌因子，更肯定的是，你打不過「減肥」這個大魔王！

本書中所有的瘦身食譜烹飪過程，都以蒸、煮、炒、拌為主，為確保吃進身體的營養素完整，也會依食材的營養素特性而選擇不同的烹調方式。例如：番茄、紅蘿蔔，適合用油炒，以便使營養素釋放，讓身體更好吸收。此外，先將蔬菜「殺青」，也就是先用熱水將蔬菜汆燙後，撈起再進行烹調，可以將一部分殘留的農藥去除，也能讓蔬菜吃起來更加可口。

● **油炸不只熱量高，毒素產生更人憂心**

油炸食品的問題不僅在高熱量，以及吃進過多油脂，造成心血管疾病等問題而已。基本上，一般在家自己油炸食物機會較少，所以外食吃炸物就是最大的隱憂，油

炸物品最大的問題，在於油本身並不健康，包括最常見的回鍋油、油品多日不換等。

此外，油炸時的高溫也會產生毒素，已故毒物專家林杰樑就在報導中提到：「美國 FDA 公告超過 120℃油炸的薯條、洋芋片會產生致癌物質丙烯醯胺。」目前國際上已經發表超過一百篇關於「丙烯醯胺」的研究，尤其以歐盟 14 個國家參與、研究長達 4 年 2 個月的「食品加熱毒物（Heat-generatedFoodToxicants，HEATOX）」計劃最受重視。研究指出，無論從科學研究或是毒理實驗的角度，**丙烯醯胺對於提高癌症風險都具有正相關的趨勢**。

• 愛吃重口味、調味料，難怪瘦不了

如果你平常就是愛吃重鹹、重辣等重口味的人，除了料理中含有味精、雞精、醬油、豆瓣醬、辣椒醬、醬油膏等調味品都會加重食物的味道。無形中攝入了過多的鈉、糖分和油脂，這不僅會加重腎臟負擔，造成身體水腫，還容易引發高血壓，增加心腦血管疾病或心力衰竭的風險性。

因此我建議，可以在料理中，盡量增添天然辛香料，像是生辣椒能提升鹹香味；在烹調海鮮時可以加點白醋去腥並增加鮮度；另外如常見的蔥、薑、蒜、香菜、迷迭香、九層塔、香茅、芳香萬壽菊等等各類芳香植物，或是異國香料如百里香、洋香菜葉、奧勒岡葉、馬郁蘭葉等等，都是能加強料理的香氣和美味程度，並減少糖、鹽、人工香料使用量的好幫手。

只要堅持一小步，
會是邁向健康的
1 大步

PART 4

營養師親研55道

234瘦身
家常菜 日日健康
吃美味又飽足！

 蔬食類

 海鮮類

 肉品類

 七日便當提案

蔬食類

蔬菜是減肥時的好夥伴，擁有低醣、無油、高纖等特質，只要掌握好健康的烹調方式，就是減重期間填飽肚子的最佳食材。

乾煸四季鮮蔬

很多人愛吃乾煸四季豆,但是餐廳做的總是又油又鹹,其實只要在家將食材變化一下,加上一點辣豆瓣醬,就能吃得飽足又滿足味蕾。

材料

四季豆	10 根
紅蘿蔔	少許
南瓜	1 小塊
	(1/3 碗)
板豆腐	1 塊
濕豆包	1 塊

調味料

葡萄籽油 1 湯匙
辣豆瓣醬 1 小匙
白胡椒　少許

作法

1 四季豆去頭尾、紅蘿蔔削皮,洗淨切丁。

2 南瓜洗淨、去籽、切丁。

3 將板豆腐、豆包洗淨切丁。

4 備一鍋滾水將所有食材汆燙備用。

5 放入葡萄籽油起油鍋,將所有材料炒熟,加入調味料拌勻即可起鍋。

營養成分

熱量
401 大卡

醣質
37%

蛋白質
24%

脂肪
39%

大滷菜

下班後已經很累了，這道料理可以讓你「一鍋搞定晚餐」，營養均衡又兼顧飽足感，料理內的蔬菜，可以依當季時蔬做變化，口味多變又豐富。

材料

大豆苗	1 碗
黑木耳 鮮香菇	共 1 碗
紅蘿蔔	少許
毛豆	1/2 碗
凍豆腐	1/2 塊
濕豆包	1/2 塊
芋頭	1/4 碗

調味料

麻油	1 湯匙
醬油	2 大匙
八角	1 粒
白胡椒	少許

作法

1 先將大豆苗、鮮香菇、黑木耳、紅蘿蔔，毛豆及凍豆腐洗淨、瀝乾水分。

2 將步驟 1 的食材切成適口大小。

3 濕豆包洗淨擦乾後，放入葡萄籽油起一油鍋，將豆包兩面煎香定型，放涼後切小丁，備用。

4 芋頭削皮，切小丁塊備用。

5 起一小鍋水（約 400cc），先加入醬油、八角、麻油，煮沸後依序放入所有食材，燉煮約 15 ～ 20 分鐘至食材入味，起鍋撒入白胡椒即可食用。

● 水量需淹過食材。

營養成分

熱量
415 大卡

醣質
35%

蛋白質
26%

脂肪
39%

3
蔬食類

蔬食哈瓦那

這道料理,是由我在古巴旅行時,吃到的一道前菜變化而來的,古巴式的食材搭配,加上滿滿的蔬菜與豐富的蛋白質,讓你在減重期間舌頭也能環遊世界。

材料

鈕扣香菇 5 朵
大番茄　1 個
小黃瓜　2 條
濕豆包　1.5 塊
香菜　　1 小把
地瓜　　1/2 飯碗

調味料

葡萄籽油 1 湯匙
蒜末　　少許
黑胡椒　少許

作法

1　香菇洗淨泡水,備用。

2　大番茄、小黃瓜、濕豆皮洗淨切成適口大小。

3　香菇取出瀝乾,切末。

4　放入葡萄籽油,起油鍋炒香蒜末與香菇末,加入番茄後關小火燜煮,煮至番茄軟爛後,加少許鹽巴調味。

5　加入小黃瓜拌炒,撒上黑胡椒與切成細末的香菜,稍微拌炒後即可起鍋。

6　地瓜外皮洗淨擦乾,入烤箱 180 度烤 20 分鐘至全熟。

● 或是買便利商店的蒸地瓜

營養成分

熱量
406 大卡

醣質
33%

蛋白質
27%

脂肪
40%

加州沙拉

在加州很常見的前菜，再多加一些蛋白質食材與堅果，就能變身成為一道好吃的減重餐點，好吃又無負擔。

材料

大番茄	1 個
小番茄	6 粒
酪梨	1/3 個
蘋果	1 個
綜合生菜	1 大碗
生豆皮	1 片
綜合堅果	1 湯匙
海苔	1 片
白芝麻	少許

調味料

和風醬油	1 湯匙
香油	少許
芝麻醬	1 小匙
薑末	少許
蒜末	少許

作法

1 生豆皮洗淨擦乾，在乾鍋中兩面煎熟，切成條狀備用。

2 所有生食洗淨後，將大番茄去蒂頭切小塊、小番茄切半。

3 酪梨去皮籽、蘋果切成適口大小，備用。

4 將所有調味料拌勻備用。

5 綜合生菜洗淨瀝乾水分放入大碗中，依序放入堅果及上述食材。

6 接著加入調味料拌勻。

7 撒上海苔及白芝麻即可食用。

營養成分

熱量
392 大卡

醣質
33%

蛋白質
26%

脂肪
41%

百蔬煎蛋卷

歐姆蛋的滑嫩受到很多人的喜愛，但是它的油脂含量卻高得嚇人，減重期間，你可以試做這道高纖低油的百蔬煎蛋卷，吃得到蛋香也能兼顧飽足感。

材料

雞蛋 2 顆
酪梨 1/3 碗

各色蔬菜

馬鈴薯　3/4 碗

┌ 玉米筍
│ 黑木耳
│ 　　　　共 1 碗
│ 杏鮑菇
└ 紅蘿蔔

調味料

葡萄籽油 1/3 湯匙
黑胡椒　少許
白胡椒　少許
鹽巴　　少許

作法

1　先將馬鈴薯、紅蘿蔔削皮後，各色蔬菜洗淨，切小丁備用。

2　放入葡萄籽油，起一油鍋，將所有蔬菜稍微入鍋煸乾，起鍋備用。

3　酪梨削皮切小丁備用。

4　將雞蛋打散，倒入鍋中，加入少許鹽巴，雞蛋煎至半熟。

5　加上剛炒好的蔬菜和酪梨小丁，放入雞蛋鍋中。

6　蓋上鍋蓋轉小火燜約 3 分鐘，撒上黑、白胡椒與適量鹽巴即可起鍋。

營養成分

熱量	醣質	蛋白質	脂肪
416 大卡	35%	23%	42%

彩椒鮮蔬

色彩鮮豔的食物總是能勾起食欲,加上選用的蔬菜是屬於口感紮實、較有分量感的深色蔬菜,當吃膩了葉菜類的蔬菜,不妨嘗試一下這道料理。

材料

黃甜椒	半顆
紅甜椒	半顆
秋葵	2 根
豆干絲	1/2 飯碗
雞蛋	1 顆
地瓜	1 小條

調味料

葡萄籽油	1 湯匙
香油	1 小匙
鹽	少許
黑胡椒	少許
醬油	1/2 湯匙

作法

1 先將甜椒洗淨去籽、切絲備用,秋葵洗淨。

2 起一鍋滾水,放入豆干絲、甜椒絲和秋葵汆燙備用,汆燙後的秋葵斜切備用(需稍微冰鎮)。

2 雞蛋打散後,放入葡萄籽油,起油鍋煎成蛋皮,放涼後切絲備用。

3 將所有食材置於一大碗中,加入調味料拌勻即可食用。

4 地瓜外皮洗淨擦乾,入電鍋蒸熟。

● 或是買便利商店的蒸地瓜

 營養成分

熱量
412 大卡

醣質
34%

蛋白質
25%

脂肪
41%

什錦炒菇

菇類含有豐富的水溶性膳食纖維，可以增加飽足感、預防便祕，非常適合減重的人食用，料理內的菇類可依個人喜好更換，蔬菜也可依季節做變化。

材料

豆干	2 片
毛豆	1/2 碗
山藥	1/2 碗
┌ 香菇	
│ 杏鮑菇	共 1 碗
└ 豌豆莢	
黃甜椒	1/2 碗
紅甜椒	1/2 碗
薑絲	少許
辣椒末	少許

調味料

葡萄籽油	1 湯匙
胡椒粉	少許
香油	少許

作法

1 甜椒洗淨後去籽，切成豆莢大小片狀備用。

2 將山藥削皮切丁，豆干、杏鮑菇、香菇切丁。

3 起一鍋滾水，將毛豆、杏鮑菇、豌豆莢、豆干汆燙，備用。

4 放入葡萄籽油起油鍋，炒香薑絲，後放入毛豆、香菇，加蓋稍微燜一下。

5 加入豌豆莢、豆乾，最後加入甜椒拌炒。

6 接著，放入胡椒粉與香油調味，稍微上些許辣椒末點綴即可起鍋。

營養成分

熱量	醣質	蛋白質	脂肪
398 大卡	34%	26%	40%

魚香豆腐煲套餐

魚香類料理總給大家很油膩、熱量很高的印象,這道菜我們換掉高脂肪的絞肉,用低脂肪的豆腐取代,以天然辛香料增加香氣,同樣好吃但不油膩。

材料

魚香豆腐煲

茄子	3 條
傳統豆腐	1.5 塊
九層塔	1 小把
薑末	少許
蒜末	少許
蔥花	少許
紅辣椒末	少許

蒟蒻糙米飯 1 碗

蒟蒻米	2 杯
糙米	1 杯

調味料

葡萄籽油	1 湯匙
辣豆瓣醬	1 小匙
鹽	少許

作法

1 茄子洗淨去蒂頭、斜切。豆腐取出後稍用廚房紙巾吸乾多餘水分,切四大塊備用。

2 起油鍋,先放入蔥花、薑末、蒜末拌炒,加入茄子後再倒入 1/3 米杯水,燜煮約 3 分鐘。

3 加入一小匙辣豆瓣醬、紅辣椒末、鹽,稍微拌勻後,加入豆腐再蓋鍋蓋,燜約 3 分鐘。

4 關火後,加入九層塔稍微拌一下即可起鍋。

蒟蒻糙米飯

1 將 1 杯糙米洗好後,加入 1.5 杯水量,放入電子內鍋備用。

2 將 2 杯蒟蒻米用清水反覆沖洗,將鹼味去除後,瀝乾水分,與糙米混合均勻,不須額外加水。

3 直接放入電子鍋內煮熟即可。
  （若是使用電鍋,外鍋裝 1 杯水）

4 煮好後盛出 1 碗食用,其餘可分裝成一碗份,冷藏或冷凍備用。

5 若是購買乾燥的蒟蒻米,請依包裝標示添加水量。

營養成分

熱量	醣質	蛋白質	脂肪
394 大卡	35%	24%	41%

西芹豆皮炒腰果

西洋芹在西式餐點時常見到,具有豐富的膳食纖維,低熱量又能增加飽足感,是我非常推崇的食材之一。

材料

西洋芹	1 碗
生豆皮	1 片
毛豆	1/4 碗
馬鈴薯	1/2 碗
紅蘿蔔	少許
腰果	1 湯匙
蒜末	少許

調味料

葡萄籽油	1 湯匙
白胡椒	少許
鹽巴	少許

作法

1 西洋芹洗淨、紅蘿蔔削皮,切成適口大小,備用。

2 毛豆洗淨後,與西洋芹、紅蘿蔔稍微汆燙,備用。

3 豆皮在乾鍋中稍微煎至表皮乾燥定型,切成條狀備用。

4 放入葡萄籽油,起油鍋,炒香蒜末後加入腰果及上述食材拌炒至熟,加入鹽、白胡椒後拌勻即可起鍋。

 營養成分

 熱量 **394** 大卡

 醣質 **32**%

蛋白質 **27**%

 脂肪 **41**%

海鮮類

茄汁魚片

這道菜以皇帝豆作為碳水化合物的來源，加入魚片以及多種不同的蔬菜，搭配起來口感豐富，含有多種維生素、礦物質，也很適合跟全家一起享用喔。

材料

鯛魚	1 碗
皇帝豆	3/4 碗
紅蘿蔔	少許
豆芽菜	1 小把
青江菜	1 把
大番茄	3 顆
（洗淨後可先冷凍）	
蔥花	少許
蒜末	少許

調味料

葡萄籽油	1 湯匙
鹽巴	少許

作法

1 大番茄洗淨，可於前一天晚上置於冷凍庫備用，使用前一小時取出退冰。（作為茄汁備用）

2 皇帝豆、紅蘿蔔削皮，青江菜、豆芽菜洗淨，切成適口大小後，汆燙備用。

3 鯛魚片抹少許鹽巴稍微抓醃一下，起油鍋煎至表面定型，盛起備用。

4 取出冷凍過的大番茄切大塊。

5 另起一葡萄籽油鍋炒香蒜末後，加入大番茄與 1/2 杯水，加蓋燜煮約 5 分鐘。

6 將魚片切成 6 大塊，加入已經煮至熟爛的番茄中，小火再煮 2 分鐘後，加入步驟 2 的食材，輕輕拌勻後調味並撒上蔥花即可起鍋。

 營養成分

 熱量 **397** 大卡

 醣質 **34**%

 蛋白質 **27**%

 脂肪 **39**%

2 海鮮類

海鮮蒟蒻蓋飯

海鮮是高蛋白質、低脂肪的食材，也是減重期間的良伴，海鮮蒟蒻蓋飯以多種海鮮、蔬菜搭配蒟蒻糙米飯，讓你吃飽又吃巧。

材料

海鮮配料

┌ 鮭魚
│ 鮮蚵　　共 1/2 飯碗
└ 蝦仁
雞蛋　　　1 個
洋蔥　　　半顆
┌ 鮮香菇
│ 綠花椰菜 共 1 飯碗
└ 紅蘿蔔
蔥末　　　少許
薑末　　　少許
蒜末　　　少許
柴魚片　　少許

蒟蒻糙米飯

蒟蒻飯 3/4 碗
糙米飯 1/4 碗

作法見 P54

調味料

鹽　　　　少許
米酒　　　1 湯匙
葡萄籽油 1 湯匙
和風醬油 1 湯匙

作法

1　將所有海鮮食材洗淨擦乾。

2　鮭魚切成適口大小，與鮮蚵、蝦仁一起加鹽巴與米酒抓醃，10 分鐘後瀝乾水分。

3　將洋蔥去皮、紅蘿蔔、香菇切絲，綠花椰洗淨切小朵汆燙，雞蛋打散備用。

4　放入葡萄籽油起油鍋，放入蒜末、薑末炒香，放入洋蔥、香菇、紅蘿蔔拌炒至半熟。

5　加入瀝乾的海鮮，半煎炒至半熟，加入和風醬油拌勻。

6　將打散的蛋液淋上，等至蛋液半熟即可，接著倒在蒟蒻糙米飯上，撒上柴魚片、蔥末即可食用。

 營養成分

熱量
399 大卡

醣質
34%

蛋白質
26%

脂肪
40%

鮭魚炒飯

以蒟蒻米取代白米，搭配多樣的蔬菜和鮭魚一起拌炒，不僅熱量降低也減少了碳水化合物的攝取，同時攝取足夠的膳食纖維及蛋白質。

材料

蒟蒻糙米飯 1 碗
（作法見 P.54）

鮭魚	1 碗
高麗菜	1/6 個
紅蘿蔔	少許
洋蔥	半個
玉米粒 青豆	共 1/2 飯碗
蒜末	少許
蔥花	少許
薑片	2 片

調味料

米酒	1 大匙
和風醬油	1 湯匙
葡萄籽油	1 湯匙

作法

1 鮭魚洗淨擦乾，抹少許鹽巴、淋上少許米酒、放兩片薑，放入電鍋蒸熟後放涼，剔除魚刺備用。

2 紅蘿蔔、洋蔥、高麗菜切丁備用。

3 起油鍋炒香蒜末，加入紅蘿蔔、洋蔥炒至半熟，再加入玉米粒、青豆、高麗菜拌炒至熟透。

4 加入蒟蒻米飯與鮭魚，拌炒均勻後加入和風醬油調味，撒上蔥花即可起鍋。

營養成分

熱量	醣質	蛋白質	脂肪
398 大卡	35%	26%	39%

4

海鮮類

三杯中卷鮮蔬地瓜餐

此道料理含有三杯中卷、燙青菜及地瓜。原本屬於重口味的三杯中卷熱炒料理，在家也能做，甚至變身減重料理，以大量九層塔搭配少量醬汁，讓整體菜肴變得少油、少鹽但依舊夠味好吃。燙青菜可依時令蔬菜來調整。

地瓜則是富有膳食纖維的主食，能提供飽足感，下方的營養成分已納入計算。

材料

三杯中卷

中卷	1 碗
老薑	5 片
蒜末	少許
紅辣椒	2 條
九層塔	少許

汆燙青江菜

青江菜	1 把
蒜末	少許

蒸地瓜

地瓜	1/2 飯碗

調味料

三杯中卷

葡萄籽油	1 湯匙
糖	1/2 匙
醬油	1/4 杯
米酒	1/3 杯
麻油	少許
白胡椒	少許

汆燙青江菜

和風醬油	少許
香油	少許

作法

三杯中卷

1 中卷洗淨後切成適口大小備用。

2 放入葡萄籽油起油鍋炒香薑片、蒜末、紅辣椒，加入中卷稍微拌炒。

3 加入米酒、醬油、糖，蓋上鍋蓋燜煮約 3 分鐘。

4 撒上白胡椒、少許麻油、九層塔即可起鍋。

汆燙青菜

1 青江菜洗淨備用，蒜末與醬油混合備用。

2 青江菜汆燙熟後，淋上蒜末、醬油與香油即可食用。

蒸地瓜

1 地瓜外皮洗淨擦乾，入電鍋蒸熟。

● 或是買便利商店的蒸地瓜

營養成分

熱量	醣質	蛋白質	脂肪
403 大卡	**33**%	**25**%	**42**%

5
海鮮類

鹽烤鯖魚

鯖魚富含 Omega-3 脂肪酸,研究顯示富含 Omega-3 脂肪酸的魚油,可以增加體內米色脂肪,能加強新陳代謝,降低血糖及血脂,並預防白色脂肪(即為一般肥胖脂肪,主要分布在體內皮下組織及內臟周圍)在體內的堆積。

材料

鯖魚	3/4 碗
黃甜椒	半顆
紅甜椒	半顆
鮮香菇	2 朵
山藥	1/2 碗

調味料

葡萄籽油	1 小匙
米酒	少許
鹽巴	少許

作法

1 新鮮鯖魚洗淨,抹上少許鹽巴與米酒醃漬。

2 將甜椒、香菇洗淨,山藥削皮切成適口大小,山藥需事先汆燙備用。

3 將食材依序鋪至烤盤,淋上葡萄籽油,入烤箱 230 度烤 20 分鐘即可食用。

營養成分

熱量
411 大卡

醣質
35%

蛋白質
24%

脂肪
41%

6
海鮮類

海鮮涼粉

海鮮涼粉口感清爽,鮮美的海鮮讓你獲得所需營養,Q彈的蒟蒻麵更能滿足你的口腹之欲。

材料

寬冬粉	1/3 碗
寬版蒟蒻麵	1/2 碗
蝦仁 花枝 魚片	共 1 飯碗
酪梨	1/2 碗
蘆筍	1/3 碗
小番茄	1/3 碗
泡開的海帶芽	1/3 碗

調味料

烏醋	1 小匙
醬油	1 湯匙
芝麻	少許
柴魚片	少許
香油	1 小匙
辣椒	1 支

作法

1 煮一鍋滾水,將寬版蒟蒻麵入鍋煮至沒有鹼味,撈起、放涼備用;寬冬粉煮熟撈起、放涼備用。

2 另起一鍋熱水,加入少許鹽巴與薑片,將蝦仁、花枝、魚片汆燙至熟,放涼備用。

3 小番茄洗淨對切、酪梨去皮去籽切成適口大小,蘆筍洗淨切成適口大小,汆燙至熟放涼備用。

4 將所有食材與調味料放入大碗中拌勻,即可食用。

營養成分

熱量	醣質	蛋白質	脂肪
408 大卡	35%	24%	41%

韭菜花透抽炒麵

清甜的韭菜花搭配鮮美的透抽，香香辣辣的炒麵，好吃熱量又不高，也很適合與家人朋友分享，讓你減重再也不寂寞。

材料

關廟麵	1/4 碗
蒟蒻麵	1/2 碗
透抽	1 碗
韭菜花	1.5 碗
生辣椒	2 條
蒜末	1 湯匙
薑片	3 片

調味料

葡萄籽油	1 湯匙
米酒	1 湯匙
醬油	1 小匙
黑胡椒	少許
白胡椒	少許
鹽巴	少許

作法

1　將蒟蒻麵沖洗乾淨，放入滾水中煮至無鹼味，放涼備用。

2　另起一鍋滾水，將關廟麵煮熟，撈起備用。

3　將韭菜花、透抽洗淨切成適口大小。辣椒洗淨切片，備用。

4　起一鍋滾水，加入少許鹽巴與薑片，放入透抽汆燙備用。

5　放入葡萄籽油，起油鍋炒香辣椒、蒜末後，加入透抽、米酒、關廟麵、蒟蒻麵，稍微拌炒後加入韭菜花炒至熟透，熄火撒上黑、白胡椒粉即可起鍋。

營養成分

熱量
389 大卡

醣質
36%

蛋白質
25%

脂肪
39%

鯛魚蛤蜊菇菇煲

這道菜料理方法簡單又快速,把全部食材全丟進電鍋就可以了,非常適合沒時間做飯的你,又能吃到滿滿菇類多醣體,幫助腸道保健。

材料

帶殼蛤蜊	1 飯碗
鯛魚片	1/2 飯碗
鴻喜菇	1 飯碗
金針菇	1 把
薑絲	少許
地瓜	1/3 飯碗

調味料

米酒	少許
黑胡椒	少許
香油	1 湯匙

作法

1 準備一鍋清水加鹽(鹽水比例,放入水的 3% 鹽),放入蛤蜊吐沙備用。

2 魚片稍沖洗擦乾,切成適口大小。

3 鴻喜菇、金針菇洗淨切成適口大小,備用。

4 將食材依序擺進有深度的容器裡,灑上薑絲、米酒、黑胡椒調味。

5 接著,放入電鍋,外鍋放一杯水,蒸 15 分鐘。

6 上桌前淋上香油即可食用。

7 地瓜外皮洗淨擦乾,用電鍋蒸熟。

營養成分

熱量	醣質	蛋白質	脂肪
399 大卡	34%	25%	41%

9
海鮮類

香辣櫻花蝦拌麵

東港特產櫻花蝦搭配芹菜辣炒，不僅香辣夠味，熱量更是一般炒麵的一半不到，讓你吃香喝辣又不會讓你有罪惡感。

材料

櫻花蝦	1/2 碗
瘦豬肉絲	1/2 碗
芹菜	1 把
紅辣椒	2 條
蒜頭	少許
杏仁片	少許
蒟蒻麵	1 碗
陽春麵	1/4 碗

調味料

醬油	2 小匙
葡萄籽油	1 湯匙
香油	少許
米酒	1 湯匙

作法

1 先將蒟蒻麵沖洗乾淨，放入滾水中煮至無鹼味，放涼備用。

2 另起一鍋滾水，將陽春麵煮熟，撈起備用。

3 芹菜洗淨切成適口大小。

4 放入葡萄籽油起油鍋炒香蒜頭、辣椒，加入肉絲拌炒至半熟，加入芹菜拌炒。

5 炒至芹菜半熟，加入櫻花蝦（瀝乾水分）拌勻後加入蒟蒻麵及陽春麵。

6 最後加入醬油、米酒拌炒，再加入杏仁片與香油拌勻，即可起鍋。

營養成分

熱量
403 大卡

醣質
33%

蛋白質
27%

脂肪
40%

10
海鮮類

彩椒蘆筍炒蝦仁

美國癌症協會建議，每天至少要吃五種不同顏色的食物，以利攝取到不同的植物化學素，這道「彩椒蘆筍炒蝦仁」可以直接吃到 4 種顏色的食物，不但有利減重還能預防癌症。

材料

毛豆	1/2 碗
山藥	1/2 碗
蘆筍	1 把
蝦仁	1 碗
紅蘿蔔	少許
黃甜椒	1/3 個
蒜末	少許

調味料

鹽	少許
白胡椒	少許
葡萄籽油	1 湯匙
米酒	1 湯匙

作法

1 蘆筍、紅蘿蔔削皮、黃甜椒洗淨切成適口大小。

2 蝦仁剝殼後抓少許鹽、米酒，醃漬 5 分鐘後瀝乾水分。

3 燒一鍋滾水汆燙山藥、毛豆、蘆筍、紅蘿蔔、黃甜椒，撈起瀝乾備用。

4 放入葡萄籽油起一油鍋炒香蒜末，加入蝦仁炒至半熟後，加入全部食材拌炒均勻。

5 調味後即可起鍋。

營養成分

熱量
410 大卡

醣質
34%

蛋白質
25%

脂肪
41%

海鮮蒸蛋佐菠菜

有些海鮮的蛋白質含量超過肉類，是減重期間避免肌肉流失的好食材。海鮮再加上雞蛋一起做成海鮮蒸蛋，不但保留了最多的營養價值，也是能在減重期間享受鮮美的料理。

材料

海鮮蒸蛋

山藥	1/2 碗
雞蛋	1 個
鮮蚵 蝦仁 花枝 鮪魚	共 1/2 碗
薑末	少許
芹菜末	少許

清炒菠菜

菠菜	1 把
蒜末	少許
辣椒	1 支

調味料

海鮮蒸蛋

米酒	1 小匙
香油	1/2 湯匙
鹽	少許

清炒菠菜

葡萄籽油 1/2 湯匙
白胡椒粉少許
鹽　　少許

作法

1 山藥削皮切丁，起一鍋滾水汆燙備用。

2 所有海鮮洗淨、瀝乾切丁，抓少許鹽巴、薑末與米酒去腥後瀝乾水分。

3 雞蛋打散，加入山藥與海鮮及開水（蛋1：水2），調味後以隔水加熱，將鍋蓋完全蓋住，先開中火等水滾後轉小火，蒸約 15 分鐘。

4 撒上芹菜末與香油即可食用。

清炒菠菜

1 菠菜洗淨切成適口大小。

2 放入葡萄籽油，起油鍋爆香蒜末與辣椒。

3 加入菠菜拌炒至熟，調味後即可起鍋。

Note：菠菜可以依當令時節更換新鮮的綠色葉菜類。

營養成分

熱量
392 大卡

醣質
36%

蛋白質
24%

脂肪
40%

12
海鮮類

海鮮野菜鍋

以海帶芽與薑絲作為湯底的海鮮野菜鍋，不含化學調味料，不但好吃也能吃的安心，可以依自己的喜好更換海鮮與野菜的種類，但是分量需依照食譜避免食用過多熱量。

材料

蝦子
鯛魚片
鮮蚵　　共 1/2 碗
花枝
魷魚
泡開的海帶芽 1/3 碗
薑絲　　少許
馬鈴薯　1 碗
綜合蔬菜 1 盤

調味料

葡萄籽油 1 小匙
香油　　2/3 湯匙

作法

1 海帶芽泡開後瀝乾水分備用。

2 放入葡萄籽油，起一油鍋，先炒香薑絲與海帶芽，再加入熱開水作為湯底。

3 將馬鈴薯削皮切成大丁，放入鍋中煮約 5 分鐘。

4 加入海鮮煮至半熟時，加入洗淨的綜合蔬菜。

5 煮至沸騰後關火，放入香油調味後即可食用。

Note：青菜可以依當令時節更換新鮮的綠色葉菜類

營養成分

熱量
397 大卡

醣質
36%

蛋白質
28%

脂肪
40%

13
海鮮類

法式白酒淡菜佐田園沙拉

第一次吃到這道菜是在加州南邊的一個海港，鮮美的淡菜讓人吮指，再搭配一盤清爽的沙拉，簡直絕配，一邊減肥也能一邊幻想在海邊度假。

材料

法式白酒淡菜

帶殼淡菜	2 碗
大番茄	1 個
芥花油	1/2 湯匙
蒜末	少許
香菜	少許

田園沙拉

萵苣	1/4 個
小黃瓜	2 條
黃甜椒	1/3 個
紅甜椒	1/3 個
小番茄	6 個
吐司丁	1/2 碗

調味料

法式白酒淡菜

白酒	少許
鹽巴	少許

田園沙拉

起司粉	少許
油醋醬	1 湯匙

作法

法式白酒淡菜

1 淡菜洗淨備用。大番茄汆燙去皮後切小丁備用。

2 起油鍋炒香蒜末，加入大番茄拌炒至軟後，加入淡菜拌炒。

3 最後，沿著鍋邊嗆入白酒拌炒，至淡菜殼打開後，加入鹽巴與香菜調味即可。

4 可依個人口味習慣，擠入新鮮檸檬汁。

田園沙拉

1 萵苣、小黃瓜、紅黃甜椒洗淨後切丁，小番茄洗淨後對切備用。

2 接著，將所有蔬菜和吐司丁放入大碗中，調味後拌勻即可食用。

營養成分

熱量
418 大卡

醣質
34 %

蛋白質
24 %

脂肪
42 %

14
海鮮類

白酒蛤蜊蒟蒻麵

義大利麵是許多人熱愛的料理，但是熱量通常非常高，我們
將白酒蛤蜊義大利麵的作法與配方稍稍改變一下，再將麵條
置換成蒟蒻麵，且增加蔬菜量，就成了減重食譜中好吃又沒
有負擔的料理囉。

材料

義大利麵 1/4 碗
蒟蒻麵　　1 碗
蛤蜊　　　1.5 碗
┌ 紅甜椒
│ 黃甜椒　共 1.5 碗
└ 綠花椰
美白菇　　1 把
洋蔥　　　1/4 顆
蒜末　　　1 大匙

調味料

白酒　　　1 匙
黑胡椒　　少許
鹽巴　　　少許
葡萄籽油 1 湯匙

作法

1 將蒟蒻麵沖洗乾淨，放入滾水中煮至無鹼味，放涼備用。

2 義大利麵煮至 8 分熟，放涼備用。

3 將洋蔥、紅、黃甜椒洗淨切絲，蛤蜊泡水吐沙備用。

4 起一油鍋，炒香蒜末與洋蔥，加入蛤蜊、白酒炒至稍微開
　 口，加入美白菇與紅、黃椒、綠花椰，繼續拌炒至蛤蠣打
　 開，一邊加入黑胡椒、鹽調味。

5 最後加入蒟蒻麵、義大利麵炒勻即可起鍋。

營養成分

熱量
403 大卡

醣質
36%

蛋白質
24%

脂肪
40%

香煎什錦鮭魚

鮭魚含有豐富的 Omega-3 脂肪酸可以預防體內白色脂肪堆積，搭配豐富的蔬菜菇類和地瓜，能吃得滿足又飽腹。

材料

鮭魚	1 碗
綜合菇類	1/2 碗
綠花椰	1/2 碗
白花椰	1/2 碗
地瓜	1/2 碗
薑末	少許
蒜末	少許

調味料

葡萄籽油	1/2 湯匙
鹽巴	少許
黑胡椒	少許
米酒	少許

作法

1 將綜合菇類、綠白花椰洗淨切成適口大小。

2 起一滾水，將步驟 1 的食材汆燙後，撈起灑上蒜末、鹽巴、黑胡椒與 1 小匙葡萄籽油拌勻裝盤。

3 鮭魚抹點鹽巴、薑末與米酒稍微醃一下，下鍋煎至雙面金黃，撒上黑胡椒即可起鍋。

4 地瓜外皮洗淨擦乾，入烤箱 180 度烤 20 分鐘烤至熟。

• 或是買便利商店的烤地瓜

營養成分

熱量
400 大卡

醣質
35%

蛋白質
26%

脂肪
39%

16
海鮮類

三色干貝

干貝是高蛋白、低脂肪的美味海鮮，除了迷人的口感外，還帶著濃郁的鮮味，搭配彩色的蔬菜就能成為一道奢侈的減肥大餐。

材料

┌ 紅甜椒
└ 黃甜椒　　共 1 碗
皇帝豆　　1 碗
生干貝　　1/2 碗
秋葵　　　3 支
杏鮑菇　　1 朵
香菜　　　少許

調味料

米酒　　　1 大匙
鹽　　　　少許
白胡椒　　少許
葡萄籽油 1 湯匙

作法

1 干貝撒上少許鹽巴與米酒拌勻醃漬備用。

2 紅黃甜椒、秋葵、杏鮑菇洗淨後切丁，皇帝豆洗淨。

3 準備一鍋滾水，將步驟 2 的食材放入汆燙至熟，撈起備用。

4 放入葡萄籽油起油鍋，先將除了干貝之外的食材入鍋稍微拌炒，接著干貝也放入煎炒，一邊炒，放入鹽巴、白胡椒調味，待干貝兩面煎熟後，撒上香菜即可起鍋。

營養成分

熱量
398 大卡

醣質
33%

蛋白質
27%

脂肪
40%

肉品類

肉燥滷菜

肉燥是台灣小吃的經典，減肥偶爾嘴饞時，可以自製低脂肉燥搭配當令蔬菜，同時享受美味又不用擔心發胖。

材料

肉燥 1 碗

瘦豬絞肉	3/4 碗
蒜末	少許
紅蔥頭	少許
白胡椒	1 小匙
醬油	1 湯匙
砂糖	1/2 湯匙

各式蔬菜

白菜	1/3 個

黑木耳
杏鮑菇
紅蘿蔔　共 1 碗
玉米筍
甜豆筴

調味料

葡萄籽油 1/2 湯匙

作法

1　肉燥做法：放入葡萄籽油起油鍋，先放入紅蔥頭、蒜末炒香。

2　接著，加入豬絞肉炒至變色，依序加入白胡椒、醬油、砂糖炒至收汁。

3　加入一杯熱水，小火燉煮 40 分鐘至入味即可。

4　在肉燥燉煮時間，可以將蔬菜洗淨，切成適口大小，再依序加入肉燥中一起煮熟即可食用。

營養成分

熱量	醣質	蛋白質	脂肪
408 大卡	34%	26%	40%

雞絲麻醬涼麵

一般傳統涼麵的熱量至少 500 大卡起跳,而且油脂與澱粉含量都太高,蔬菜與蛋白質太少,我們將涼麵更換成蒟蒻細麵和蕎麥麵,加入蔬菜與蛋白質食材,不僅熱量降低,也使膳食纖維含量增高,整體來說變成營養均衡又能減重的涼麵。

材料

雞絲	1 碗
小黃瓜絲	1 碗
紅蘿蔔絲	少許
蛋皮	1 份
	(1 個蛋)
蒟蒻細麵	3/4 碗
蕎麥細麵	1/2 碗
蒜末	1 湯匙

調味料

麻醬	1 湯匙
辣油	1 小匙
香油	1 小匙
醬油	1 小匙

作法

1 將蒟蒻麵沖洗乾淨,放入滾水中煮至無鹼味,放涼備用。

2 起一鍋滾水,將蕎麥細麵汆燙後備用。

3 起一油鍋,將雞蛋打散後煎成蛋皮備用。

4 準備一小碗,依序放入麻醬、醬油、香油、辣油、蒜末拌勻備用。

5 將放涼的蕎麥細麵與蒟蒻麵放入另一大碗中,拌入雞絲、黃瓜絲、紅蘿蔔絲、蛋皮,最後淋上調味料拌勻即可。

雞絲作法

1 將雞胸肉洗淨備用。

2 起一鍋冷水,放入雞胸肉一起煮滾。

3 水滾後,熄火,雞胸燜 25 分鐘。

4 起鍋後,用叉子逆紋剝開成雞絲。

營養成分

熱量	醣質	蛋白質	脂肪
410 大卡	35%	27%	38%

3 肉品類

蒜香豬排佐地瓜川七

想吃豬排的時候就來做個蒜香豬排吧！搭配地瓜與當季食蔬
就是一餐簡單又好吃的減重料理。

材料

里肌肉	3 片
	（約 1 碗）
川七	1 把
地瓜	1/2 碗
薑絲	少許
蒜末	少許

調味料

醬油	少許
麻油	2 小匙
葡萄籽油	1 湯匙

作法

1 起一油鍋，以 1 小匙食用油炒香蒜末後，將里肌肉片煎
　熟，淋上醬油後起鍋擺盤。

2 另起一鍋滾水，將川七汆燙 1 分鐘起鍋備用。

3 起一油鍋，倒入麻油以小火炒香薑絲，加入汆燙後的川
　七，放入少許鹽拌勻後，即可起鍋。

4 地瓜外皮洗淨擦乾，入烤箱 180 度烤 20 分鐘烤至熟。

5 以地瓜搭配豬排與川七一起食用。

● 或是買便利商店的烤地瓜

營養成分

熱量
402 大卡

醣質
34%

蛋白質
24%

脂肪
42%

涼拌鮮蔬雞絲

這道菜是夏日料理首選,時蔬可依當令季節更換,口味相當
豐富,若喜歡吃辣的人,可以加一點生辣椒拌勻更好吃。

材料

小黃瓜	1 條
紅蘿蔔絲	少許
洋蔥	1/2 個
鴻喜菇	1 小把
黃甜椒絲	1/4 個
紅甜椒絲	1/4 個
香菜	少許
雞絲	1 碗
寬粉條	1/3 碗

調味料

檸檬汁	1/2 湯匙
芝麻	少許
醬油	1 湯匙
麻油	1 湯匙
大蒜	1 湯匙
黑胡椒	少許
白胡椒	少許

作法

1 事先將寬粉條泡開,備用。

2 起一鍋滾水,放入寬粉條、鴻喜菇煮熟,放涼備用。

3 再將雞胸肉入鍋煮熟後,放涼,撕成雞絲備用。

4 小黃瓜、紅蘿蔔、紅椒、黃椒洗淨後切絲備用,洋蔥切細
  絲後泡冷水。

5 準備一只大碗,放入各式蔬菜、寬粉條、雞絲及鴻喜菇。

6 接著,將所有食材與調味料拌勻,即可食用。

營養成分　熱量 416 大卡　醣質 36%　蛋白質 26%　脂肪 38%

5
肉品類

老薑麻油雞腿麵線

減重期間想吃麻油雞怎麼辦？沒關係老師教你煮，我們把一半的麵線換成蒟蒻麵減少澱粉量，再將油量減少、蔬菜增加，如此一來不但能享受麻油雞又能兼顧減肥。

材料

雞腿 1 隻或小雞腿 2 隻（1 碗）	
老薑	6 片
麵線	1/2 碗
蒟蒻細麵	1/2 碗
福山萵苣	1 把
蒜末	1 湯匙

調味料

麻油	1/3 湯匙
葡萄籽油	1/3 湯匙
鹽	少許
醬油	少許
白胡椒	少許

作法

1 起一鍋滾水，將蒟蒻麵與麵線汆燙後置於大碗備用。

2 以葡萄籽油起一油鍋，炒香老薑片，置入雞腿兩面煎香，倒入兩碗熱水，蓋鍋蓋以小火燉煮 40 分鐘。

3 煮至雞腿軟爛後加入麻油與鹽巴，倒入備好的麵線與蒟蒻麵碗內。

4 另外，將福山萵苣洗淨，放入滾水中汆燙至熟，瀝水撈起。

5 放入蒜末與醬油、白胡椒拌勻即可食用。

Note：青菜可以依當令時節更換新鮮的綠色葉菜類

營養成分

熱量
405 大卡

醣質
33%

蛋白質
25%

脂肪
42%

肉末四季豆

肉末四季豆是常見的台菜與便當菜,我們將食材稍加變化,加入南瓜作為澱粉來源,將高油脂的絞肉換成低脂肪的絞肉,再搭配大量的四季豆,不但口感豐富還能非常有飽足感。

材料

瘦豬絞肉 1 碗
四季豆　　2 碗
南瓜　　　2/3 碗
蔥花　　　少許
蒜末　　　少許
薑末　　　少許

調味料

葡萄籽油 1 湯匙
米酒　　　1 湯匙
醬油　　　1 小匙
鹽　　　　少許
白胡椒　　少許

作法

1　將南瓜洗淨,放入電鍋蒸熟(外鍋放半杯水),切小塊備用。

2　四季豆洗淨去頭尾,切小丁汆燙備用。

3　起一油鍋,以葡萄籽油炒香薑末、蒜末後,加入豬絞肉、醬油、鹽、米酒炒至收汁。

4　加入汆燙後的四季豆與蒸熟的南瓜,稍微拌炒撒上蔥花後,即可起鍋。

 營養成分

熱量
389 大卡

醣質
35%

蛋白質
28%

脂肪
37%

7
肉品類

半筋半肉紅燒牛肉麵

香辣過癮的牛肉麵是許多人的最愛,但坊間牛肉麵的熱量很驚人,我們將麵條換成蒟蒻麵,再減少油脂的使用,讓減肥的你也能放心吃牛肉麵。

材料

蒟蒻麵	1/2 碗
拉麵	1/2 碗
牛腱心	1/2 碗
牛筋	1/3 碗
紅鳳菜	1 把
蒜末	少許
薑片	3 片
蔥綠	2 支

調味料

滷包	1 包
醬油	2 湯匙
鹽	1 小匙

作法

1 備一鍋滾水,將牛腱心、牛筋切塊,先以熱水汆燙後撈起備用。

2 起一油鍋,炒香薑片與蔥綠,再將汆燙過的牛腱心與牛筋稍微翻炒,加入醬油稍微拌炒上色後加入熱水,淹過牛腱心與牛筋,放入滷包,小火燉煮至軟爛,約 2 小時。

3 另起一鍋熱水,將蒟蒻麵煮至沒有鹼味,拉麵煮熟後與蒟蒻麵拌勻,再將煮好的牛肉與牛筋加入即可食用。

4 接著,將紅鳳菜洗淨後切成適口大小,汆燙後與蒜末、鹽巴拌勻後即可。

Note:青菜可以依當令時節更換新鮮的綠色葉菜類。

營養成分

熱量
416 大卡

醣質
36%

蛋白質
26%

脂肪
38%

8
肉品類

三色雞丁

看似普通的台式家常菜，只要將內容物稍加改變，再掌握好油脂與澱粉的分量，就能搖身一變，成為好吃的減肥餐。

材料

雞胸肉	1 碗
西洋芹	2 支
紅蘿蔔	1 小條
馬鈴薯	1/2 碗

調味料

葡萄籽油	1 湯匙
鹽巴	少許
黑胡椒	少許
白胡椒	少許
醬油	1 小匙

作法

1 先將馬鈴薯與紅蘿蔔洗淨削皮後，切成適口大小，入鍋汆燙至 8 分熟。

2 接著，將雞胸肉去除肥肉與雞皮後，切成適口大小。西洋芹洗淨刨硬絲，切成適口大小備用。

3 起油鍋炒香雞肉後加入西洋芹、馬鈴薯與紅蘿蔔，稍微拌炒後調味，再加入半杯水，蓋上鍋蓋燜 3 分鐘，再將湯汁稍微收乾即可起鍋。

營養成分

 熱量 **414** 大卡

 醣質 **36**%

 蛋白質 **26**%

 脂肪 **38**%

金莎豆腐牛奶鍋

吃膩了傳統的清湯火鍋嗎？今天換個口味，以南瓜、牛奶、柴魚片作為湯底，加入各式蔬菜、肉片和豆腐，絕對可以吃得滿意又有飽足感。

材料

南瓜	2/3 碗
豬里肌肉片	1/2 碗
豆腐	1/2 塊
高麗菜	1/8 個
袖珍菇	1 小把
鴻喜菇	1 小把
綠花椰	1 小朵
紅蘿蔔	少許

調味料

葡萄籽油	1/3 匙
鮮奶	100cc
鹽巴	少許
柴魚片	少許

作法

1 南瓜洗淨切塊，放入電鍋蒸熟後（外鍋放半杯水，蒸 30 分鐘）搗成泥，加入牛奶拌勻備用。

2 紅蘿蔔洗淨削皮切片，高麗菜洗淨用手剝成片。

3 備一湯鍋，注入 750cc 熱水，放入柴魚片、紅蘿蔔與高麗菜，熬煮 10 ～ 15 分鐘，湯色呈琥珀色後，瀝掉雜質，成湯底備用。

4 將南瓜泥與鮮奶拌入湯底，小火慢煮至沸騰。

5 最後，將豆腐、豬里肌肉片、綠花椰、袖珍菇、鴻喜菇依序放入，小火將食材煮熟後調味，即可食用。

營養成分

熱量
416 大卡

醣質
34%

蛋白質
26%

脂肪
40%

10
肉品類

野莓雞肉沙拉

這道菜在洛杉磯的咖啡廳是常見的前菜沙拉，酸甜的莓果讓人食欲大開，搭配清爽的生菜與鮮嫩的雞胸肉，想像自己坐在洛杉磯的咖啡廳，吃著好吃的減肥餐吧！

材料

吐司	1 片
雞胸肉	1 碗
綜合生菜	2 碗
冷凍莓果	1/3 碗
新鮮草莓	1/3 碗
綜合堅果	1/2 碗

調味料

油醋醬	少許
起司粉	少許
粗粒 黑胡椒	少許

作法

1 將雞胸肉放入湯鍋，加冷水至蓋過雞胸肉，中火煮至沸騰後轉小火，繼續加熱 8 分鐘後關火，燜 10 分鐘後撈起斜切成片備用。

2 吐司切丁後入烤箱烤至乾硬
  （烤箱預熱 180 度，烤 3 ～ 5 分鐘）。

3 生菜洗淨後，撕成適口大小然後置入大碗中。

4 將莓果、草莓、堅果、乾吐司塊撒在生菜上，將切好的雞肉擺上，淋上油醋醬、撒上黑胡椒、起司粉即可食用。

營養成分

熱量	醣質	蛋白質	脂肪
391 大卡	34%	24%	42%

11
肉品類

肉片和風涼麵

喜歡吃涼麵的人，絕對不能錯過這一道。以清爽的蒟蒻麵搭配肉片和新鮮蔬菜，爽口又美味。

材料

蕎麥麵	1/3 碗
蒟蒻麵	1 碗
里肌 火鍋肉片	1 碗
泡開的 海帶芽	1 碗
玉米粒	1/2 碗
大番茄	1 個
小黃瓜	1 條
芝麻	少許
蒜末	少許

調味料

和風醬油	2 湯匙
麻醬	1 湯匙
香油	1 小匙

作法

1 起一鍋滾水，將蒟蒻麵放入煮至沒有鹼味，撈起瀝乾放涼備用。

2 將蕎麥麵放入滾水煮熟，放涼備用。

3 接著，里肌肉火鍋片燙熟，放涼備用。

4 海帶芽泡開後擰乾水分備用，大番茄洗淨切丁備用，小黃瓜洗淨切丁備用。

5 接著，準備一只大碗，放入和風醬油、麻醬、香油、芝麻、蒜末拌勻作為醬汁備用。

6 最後，將所有食材混合均勻，淋上醬汁即可食用。

營養成分

熱量	醣質	蛋白質	脂肪
426 大卡	35%	25%	40%

12

肉品類

鳳梨木須炒飯

酸甜口感的鳳梨木須炒飯，只要掌握好油脂與各種食材的分量，就能成為減肥的好幫手。

材料

蒟蒻	
糙米飯	1 碗
黑木耳	1 碗
雞蛋	1 個
瘦肉絲	1/2 碗
鳳梨	1/3 碗
高麗菜	1/5 個
生辣椒	1 條
蒜末	少許

調味料

葡萄籽油	1 湯匙
醬油	1 湯匙
白胡椒	少許
鹽	少許

作法

1 黑木耳洗淨切絲備用、鳳梨切成適口大小、高麗菜洗淨切成適口大小、生辣椒切碎備用。

2 起油鍋，炒香蒜末與辣椒，再加入肉絲拌炒至肉絲半熟，加入雞蛋繼續拌炒至熟透。

3 接著，加入高麗菜、鳳梨及黑木耳拌炒至熟透。

4 加入蒟蒻糙米飯繼續拌炒，加入醬油、胡椒與鹽調味，拌勻後即可起鍋。

● 蒟蒻糙米飯，作法見 P54

營養成分

熱量

398 大卡

醣質

36%

蛋白質

25%

脂肪

39%

家常燉牛肉

有時候懶得煮菜就這樣燉一鍋吧，不但能跟家人一起共享，
有時候甚至可以吃好幾餐呢！不吃牛肉的人，可以換成梅花
豬肉塊或雞腿肉。

材料

牛肋條	1 碗
紅蘿蔔	1/2 條
白蘿蔔	1/2 碗
蘑菇	5 朵
蘋果	1/4 個
洋蔥	1/2 個
馬鈴薯	1/2 碗
蔥段	少許
綠花椰菜	1 碗
老薑	3 片
辣椒	1 條
八角	1 粒

調味料

醬油	2 湯匙
白胡椒	少許
肉桂粉	少許
五香粉	少許
米酒	2 湯匙

作法

1 牛肋條切成適口大小，起一鍋滾水，汆燙後備用。

2 紅蘿蔔、白蘿蔔洗淨後切成適口大小，蘑菇洗淨備用，洋
蔥洗淨後切對半備用，蘋果洗淨去籽備用，馬鈴薯削皮後
切成適口大小，綠花椰菜洗淨後切成適口大小備用，辣椒
去籽切絲備用。

3 取一湯鍋注入 750cc 開水，將洋蔥、蘋果、蘑菇、紅蘿蔔、
白蘿蔔置入鍋內，再加入醬油、米酒、白胡椒、肉桂粉、
五香粉、八角、蔥段、老薑、辣椒，小火煮至沸騰。

4 將牛肋條放入沸騰的鍋中，蓋上鍋蓋，慢火燉約 2 小時。

5 待牛肉軟爛後加入馬鈴薯，馬鈴薯熟透後加入綠花椰，待
湯再次沸騰即可起鍋。

營養成分	熱量	醣質	蛋白質	脂肪
	397 大卡	34%	25%	41%

14
肉品類

西式鮮菇雞肉燉飯

喜歡吃雞肉燉飯的人，一定要嘗試做這道料理，加入爽口的小黃瓜後，讓燉飯口感更清爽，不但能吃到香噴噴的燉飯，同時也能攝取到足夠的蔬菜。

材料

雞腿肉	1 碗
杏鮑菇	1 支
山藥	1/4 碗
蒟蒻	
糙米飯	1 碗
豆皮	1/2 片
小黃瓜	1 條
紅蘿蔔	1/3 碗
薑末	1/2 湯匙

調味料

麻油	1 湯匙
醬油	1 湯匙
鹽	少許
黑胡椒	少許
白胡椒	少許

作法

1 雞腿去皮，去除多餘油脂，切丁備用。

2 山藥、杏鮑菇、小黃瓜、紅蘿蔔洗淨後切丁備用。豆皮切丁備用。

3 倒入麻油起油鍋，開小火炒香薑末，放入雞腿丁翻炒至入味，將山藥、杏鮑菇、紅蘿蔔、小黃瓜、豆皮置入繼續翻炒。

4 放入蒟蒻糙米飯稍微翻炒，加入醬油、鹽、黑胡椒、白胡椒調味。

5 接著，倒入 1/2 杯水，小火燉煮至湯汁收乾即可起鍋。

● 蒟蒻糙米飯，作法見 P54

營養成分

熱量
408 大卡

醣質
44%

蛋白質
26%

脂肪
40%

15
肉品類

南洋野菜風味鍋

瘦身餐一樣能吃到咖哩口味的異國風味鍋,只要選擇中低脂肪的肉類,再搭配自己喜歡吃的蔬菜,就是非常滿足的一餐。

材料

蒟蒻
糙米飯　1 碗
牛肩肉　1/2 碗
（也可換成豬梅花肉
或雞腿肉）
凍豆腐　半塊
番茄　　1 個
玉米筍　2 支
蘑菇　　2 朵
各式蔬菜不限量

調味料

葡萄籽油 1 小匙
咖哩粉　 1 大匙
鮮奶　　 200cc

作法

1　牛肩肉切丁,番茄洗淨後切塊、蘑菇切 4 等分、玉米筍切成適口大小備用。

2　起一油鍋,將牛肩肉炒至半熟,加入番茄、玉米筍、蘑菇一起拌炒至熟。

3　加入咖哩粉拌炒至聞到香味,加入 750c.c 熱水與鮮奶小火慢煮。

4　煮至快沸騰時即可上桌,當成火鍋一邊吃一邊煮。

● 蒟蒻糙米飯,作法見 P54

營養成分

熱量	醣質	蛋白質	脂肪
413 大卡	36%	24%	40%

16
肉品類

乾炒雙色牛河

研究顯示十字花科蔬菜能預防大腸癌，我們使用綠、白花椰菜來搭配炒牛河，河粉換成蒟蒻麵與寬冬粉，這樣一來蔬菜增加、熱量減少，乾炒牛河也能成為減重料理。

材料

寬版
蒟蒻麵　1 碗
寬冬粉　1/4 碗
洋蔥　　1/2 個
黃豆芽　1 碗
無骨
牛肩肉　3/4 碗
紅蘿蔔　少許
蔥段　　少許
蒜末　　少許
綠白
花椰菜　1 碗

調味料

葡萄籽油 1 匙
醬油　　1 湯匙
米酒　　1 湯匙
砂糖　　1 小匙
鹽　　　少許
白胡椒　少許

作法

1　蒟蒻麵沖洗後，以熱水煮至無鹼味瀝乾備用。

2　寬冬粉用冷水泡至軟，放入滾水汆燙至 8 分熟。

3　洋蔥、紅蘿蔔洗淨去皮、切絲備用，黃豆芽洗淨瀝乾備用。

4　起油鍋，炒香蒜末與蔥段，加入牛肩肉拌炒，一邊將醬油、砂糖、米酒、白胡椒、鹽加入拌炒。

5　牛肩肉約半熟加入寬版蒟蒻麵、寬冬粉拌炒，若太乾可加入 1/3 杯水。

6　待牛肩肉 8 分熟時，加入黃豆芽稍微攪拌即可起鍋。

7　另外，將綠花椰、白花椰菜洗淨，去除老硬的外皮後，切成適口大小。

8　起一鍋滾水，汆燙 2 分鐘即可食用。

 營養成分

熱量
398 大卡

醣質
36%

蛋白質
23%

脂肪
41%

17
肉品類

牛肉炒飯

炒飯的高熱量,來自於吸滿油脂的飯粒,我們將油脂量減至一般炒飯的 1/3,將白米飯換成蒟蒻糙米飯,再加上大量的蔬菜,香噴噴的炒飯也能是好吃的減肥餐。

材料

蒟蒻
糙米飯　　1 碗
瘦牛肉片 2/3 碗
洋蔥　　　1/2 個
秋葵　　　5 支
紅蘿蔔　　1/3 條
雞蛋　　　1 個

調味料

葡萄籽油 1 湯匙
醬油　　　1 匙
鹽巴　　　少許
黑胡椒　　少許
白胡椒　　少許

作法

1　牛肉切片。雞蛋打散備用。

2　洋蔥、紅蘿蔔洗淨去皮切丁,秋葵去蒂頭切丁。

3　放入葡萄籽油起油鍋,炒香洋蔥、紅蘿蔔後,加入雞蛋拌炒,雞蛋熟透後加入牛肉拌炒。

4　牛肉約 5 分熟時加入蒟蒻糙米飯,接著加入調味料炒勻。

5　最後加入秋葵,炒至秋葵熟,即可起鍋。

● 蒟蒻糙米飯,作法見 P54

營養成分

熱量
406 大卡

醣質
35%

蛋白質
25%

脂肪
40%

麻婆豆腐便當

色香味俱全的麻婆豆腐，也能成為低熱量料理，搭配清爽的炒青菜，攝取足夠的纖維質及蛋白質，有助於順利減重。

材料

麻婆豆腐

板豆腐	1.5 塊
鮮香菇	1 朵
生辣椒	2 條
薑末	少許
九層塔	1 小把

調味料

葡萄籽油	1/3 湯匙
辣豆瓣醬	1 小匙
鹽	少許
黑白胡椒粉	少許
烏醋	少許
花椒粉	少許
麻油	少許

炒珍珠菜

珍珠菜	1 把
蒜末	少許
辣椒	少許
鹽巴	少許

蒟蒻糙米飯 1 碗

詳見 P54

作法

麻婆豆腐

1 香菇、薑、九層塔、辣椒洗淨後切末、豆腐切小丁備用。

2 起油鍋，依序放入香菇、薑、九層塔、辣椒，加入 1 小匙豆瓣醬稍微拌炒後，倒入豆腐。

3 小心用鍋鏟拌炒至稍微上色，加入 1/3 米杯水，倒入一小匙烏醋、黑、白胡椒粉、花椒粉，蓋上鍋蓋燜煮約 3 分鐘。

4 打開鍋蓋後，稍微攪動避免黏鍋，再煮約 2 ～ 3 分鐘稍微收汁，淋上少許麻油即可起鍋。

● 辣度可依個人喜好調整

清炒珍珠菜

1 珍珠菜洗淨，切成適口大小後汆燙，備用。

2 起油鍋，先拌炒香蒜末，辣椒。

3 再倒入燙過的珍珠菜拌炒，加鹽調味即可起鍋。

● 珍珠菜可以依當令時節更換其他新鮮的綠色葉菜類。

 營養成分

 熱量 **413** 大卡

 醣質 **35**%

蛋白質 **24**%

 脂肪 **41**%

營養成分

熱量	醣質	蛋白質	脂肪
409 大卡	33%	23%	44%

鱈魚便當

清蒸鱈魚是自助餐店相對容易買到的便當菜，沒時間自己蒸的時候，也可以在自助餐店買清蒸鱈魚，再搭配汆燙的蔬菜。

材料

清蒸鱈魚

鱈魚　　1 碗
薑片

清炒綠花椰

綠花椰　1 碗
紅蘿蔔片 少許
蒜片　　少許

蝦米炒長豆

長豆　　1 小把
蝦米　　少許
蒜末　　少許

調味料

清蒸鱈魚

米酒　　1 小匙
鹽巴　　少許

清炒綠花椰

鹽巴　　少許
葡萄籽油 1/2 湯匙

蝦米炒長豆

葡萄籽油 少許
鹽　　　少許
白胡椒　少許
米酒　　少許

作法

清蒸鱈魚

1　鱈魚洗淨，兩面都抹上少許鹽巴、放上薑片、撒上少許米酒。
2　將炒鍋加水開火預熱。
3　在盤子架上筷子放入鱈魚後，將盤子放進炒鍋蒸約 12 分鐘至熟，即可。

清炒綠花椰

1　將蒜頭、紅蘿蔔洗淨去皮切片，綠花椰洗淨切成適口大小。
2　起一鍋滾水、汆燙綠花椰菜備用。
3　起葡萄籽油鍋炒香蒜片、加入紅蘿蔔片稍微拌炒。
4　再加入汆燙後的綠花椰菜拌炒，調味後即可起鍋。

蝦米炒長豆

1　蝦米稍微沖洗後，用清水泡軟，再加入米酒去腥。
2　長豆洗淨斜切成適口大小，起一鍋熱水將長豆汆燙後備用。
3　蝦米使用前將多餘水分擠乾。將蒜頭去皮切成末。
4　起葡萄籽油鍋炒香蒜末與蝦米，加入長豆拌炒後調味即可起鍋。

蒟蒻糙米飯 1 碗

作法見 P54

香煎鮭魚便當

鮭魚擁有優質油脂，對於減肥期間，不想瘦到胸部的女生們相當有益處，搭配清甜的絲瓜，一餐吃得飽足又滿意。

材料

香煎鮭魚

鮭魚	1 碗
薑絲	少許
蔥花	少許

金針菇絲瓜

金針菇	1 把
絲瓜	1 條
老薑	5 片

調味料

香煎鮭魚

葡萄籽油	1/2 湯匙
米酒	少許
黑胡椒	少許

金針菇絲瓜

葡萄籽油	1/2 湯匙
鹽	少許
白胡椒	少許

作法

香煎鮭魚

1 鮭魚先以少許米酒與黑胡椒醃漬，入鍋煎之前將鮭魚表面水分擦乾。

2 起葡萄籽油鍋，將鮭魚入鍋煎至兩面金黃且熟透。

3 接著，放入薑絲與蔥花稍微煎香即可起鍋。

金針菇絲瓜

1 金針菇洗淨切成適口大小，絲瓜去皮切片。

2 起葡萄籽油鍋炒香薑片後，放入絲瓜拌炒，加入 1/4 杯水蓋上鍋蓋，關小火煮至絲瓜熟透。

3 加入金針菇稍微拌炒，調味後即可起鍋。

蒟蒻糙米飯 1 碗

作法見 P54

 營養成分

 熱量
392 大卡

 醣質
36%

 蛋白質
24%

 脂肪
40%

4

七日便當
提案

辣炒淡菜便當

這道菜的「淡菜」可以換成海瓜子或蛤蜊,煮成香辣口味可提高基礎代謝率,怕辣的人可以多加薑、蒜末,也有一樣的效果。

材料

辣炒淡菜

帶殼淡菜	2 碗
辣椒	2 條
蒜末	少許

油菜花炒肉絲

油菜	1 把
薑絲	少許
肉絲	0.5 碗

調味料

辣炒淡菜

醬油	少許
米酒	少許
葡萄籽油	1/2 匙
香油	少許

油菜花炒肉絲

鹽	少許
白胡椒	少許
葡萄籽油	0.5 湯匙

作法

辣炒淡菜

1 起葡萄籽油鍋炒香蒜末與辣椒,加入淡菜拌炒。

2 加入醬油與米酒,稍微拌炒至淡菜打開,加入香油即可起鍋。

油菜花炒肉絲

1 油菜洗淨切成適口大小。

2 起葡萄籽油鍋,爆香薑絲與肉絲後加入油菜拌炒至熟。

3 加入鹽及胡椒調味後即可起鍋。

蒟蒻糙米飯 1 碗

作法見 P54

 營養成分

熱量
405 大卡

醣質
34%

蛋白質
24%

脂肪
42%

香菇桂竹筍便當

竹筍炒肉絲是我在美國時最想念菜肴之一,竹筍富含膳食纖維,香菇富含多醣體,皆是減重的好伴侶,又可加強體內環保,有助腸道益菌生長。

材料

肉絲桂竹筍

瘦豬肉絲 1 碗
桂竹筍　1 碗
米酒　　1 湯匙
蒜末　　少許
辣椒　　少許

椒鹽香菇

鮮香菇　1 碗
雞胸肉　1/2 碗
蔥段　　1 支
蒜末　　少許

調味料

肉絲桂竹筍

醬油　　少許
葡萄籽油 1/2 匙
鹽　　　少許

椒鹽香菇

米酒　　1 匙
黑白胡椒 少許
鹽　　　少許
葡萄籽油 1/2 匙

作法

肉絲桂竹筍

1 桂竹筍去除不可食用部分後切成適口大小備用。

2 起油鍋,炒香蒜末、辣椒後加入肉絲拌炒。

3 肉絲約半熟時加入桂竹筍炒至聞到香味。

4 加入米酒、醬油與半杯水,稍微拌勻後蓋上鍋蓋,燜 3 ～ 5 分鐘。

5 掀開鍋蓋,炒至湯汁收乾,用鹽調味後即可起鍋。

椒鹽香菇

1 香菇洗淨切絲,雞胸肉去除肥肉與皮後切絲。

2 起油鍋炒香蔥段與蒜末,將雞胸肉加入,拌炒至半熟時,加入切好的香菇繼續拌炒。

3 加入米酒與半杯水蓋上鍋蓋燜約 3 分鐘。

4 加入黑白胡椒與鹽巴調味後,收汁即可起鍋。

蒟蒻糙米飯 1 碗

作法見 P54

營養成分

熱量	醣質	蛋白質	脂肪
407 大卡	34%	24%	42%

五香滷肉便當

減肥也可以吃滷肉便當？其實只要拿捏好分量，選擇瘦肉多肥肉少的滷肉，再搭配多樣蔬菜就能安心吃。

材料

五香滷肉

帶皮偏瘦	
五花肉	1 碗
八角	1 粒
老薑	2 片
蒜頭	2 瓣

四季豆炒肉絲

四季豆	1 把
豬里肌肉	0.5 碗
蒜末	少許

蝦米炒瓠瓜

瓠瓜	半條
蝦米	少許
蒜末	少許

調味料

五香滷肉

五香粉	少許
醬油	2 湯匙
米酒	2 湯匙
冰糖	1.5 湯匙

四季豆炒肉絲

葡萄籽油	1/2 湯匙
鹽	少許

蝦米炒瓠瓜

葡萄籽油	1/2 湯匙
鹽	少許

作法

五香滷肉

1 冰糖加 1 湯匙水，小火煮開至呈現焦糖色，加入蒜頭、老薑稍微拌炒。

2 放入五花肉雙面稍微煎至半熟、上色，加入醬油、米酒、五香粉、八角與 2 湯匙水，煮沸後關小火，燜煮約 40 分鐘至五花肉軟爛入味即可。

四季豆炒肉絲

1 四季豆洗淨切成適口大小，汆燙後備用，里肌肉切絲備用

2 起葡萄籽油鍋炒香蒜末後加入里肌肉絲，肉絲炒至 7 分熟加入汆燙過的四季豆拌炒。

3 炒至肉絲與四季豆熟透後調味起鍋。

蝦米炒瓠瓜

1 蝦米泡水備用，瓠瓜去皮切成適口大小。

2 起葡萄籽油鍋，炒香蝦米與蒜末後，倒入切好的瓠瓜稍微拌炒後，倒入半杯水，蓋上鍋蓋小火燜煮約 5 分鐘。

3 待瓠瓜軟爛熟透後加入鹽巴調味即可起鍋。

蒟蒻糙米飯 1 碗

作法見 P54

營養成分　熱量 405 大卡　醣質 34%　蛋白質 24%　脂肪 42%

營養成分　　熱量 **405** 大卡　　醣質 **33**%　　蛋白質 **26**%　　脂肪 **41**%

滷雞腿便當

雞腿便當是非常經典的台灣便當菜,也很容易在自助餐店買到,只要稍微變化一下配菜,就是非常美味的減重便當。

材料

五香滷雞腿
雞腿 1 隻
老薑 2 片、蒜頭 3 瓣

清炒高麗菜
高麗菜 1/6 個
紅蘿蔔少許、蒜末少許

紅蘿蔔炒蛋
雞蛋 1 個
紅蘿蔔半條、蒜末少許

五彩西芹
西洋芹 1 支、黃椒 1/4 個
紅椒 1/4 個、蒜末少許

蒟蒻糙米飯 1 碗
詳見 P54

調味料

五香滷雞腿
五香粉少許、胡椒粉少許
醬油 2 湯匙、砂糖 1 湯匙
米酒 2 湯匙、鹽少許

清炒高麗菜
鹽少許、葡萄籽油 1/3 湯匙

紅蘿蔔炒蛋
鹽少許、葡萄籽油 1/3 湯匙

五彩西芹
葡萄籽油 1/3 湯匙
黑胡椒少許、鹽少許

作法

五香滷雞腿
1 雞腿汆燙備用
2 取一湯鍋,將醬油、砂糖、蒜頭、薑片小火煮至沸騰,雞腿正面朝下放入,煮至稍微上色。
3 加入五香粉、胡椒粉、鹽巴調味,再加入 1 杯熱水,小火煮至沸騰。
4 加入米酒後蓋上鍋蓋小火,燜煮約 15 分鐘後熄火,不要掀開鍋蓋再繼續燜,15 分鐘後即可食用。

清炒高麗菜
1 高麗菜洗淨後切成適口大小,紅蘿蔔切小片。
2 高麗菜與紅蘿蔔汆燙備用。
3 起葡萄籽油鍋,炒香蒜末後將紅蘿蔔與高麗菜入鍋拌炒至 9 分熟,用鹽調味後即可起鍋。

紅蘿蔔炒蛋
1 雞蛋打散備用。紅蘿蔔切成絲備用。
2 起葡萄籽油鍋,將蒜末炒香後放入紅蘿蔔,加 1/3 杯水繼續炒至紅蘿蔔熟軟後加鹽巴調味。
3 將打好的雞蛋倒入鍋中,拌炒至雞蛋 8 分熟即可起鍋。

五彩西芹
1 西洋芹、黃椒、紅椒洗淨後切成段,稍微汆燙。
2 起葡萄籽油鍋,炒香蒜末後,將西洋芹、紅、黃椒加入稍微拌炒,以胡椒鹽調味後即可起鍋。

PART 5

四週FIT
循環運動
燃脂UPUP！

四週 FIT 循環運動，燃脂 UPUP ！

　　每天 40 分鐘有氧運動，再搭配循序漸進的局部線條雕塑，提高體內新陳代謝加速燃燒熱量。更能預防減肥過程中肌力弱化，並雕塑完美身形。局部線條雕塑運動，重點在於動作確實而非求快，大部份的動作都是講求速度慢，動作確實，才能事半功倍的雕塑曲線。

> ## WEEK 1
> 針對手臂、胸部、腹部及腿部運動，
> 每一個循環做 10 下，每天做至少 3 個循環。

① 屈膝伏地挺身　　　　　　　　　　　

1 膝蓋併攏跪在地板上，兩手打開，放在比肩寬間隔再稍微寬一點的位置。

2 肩胛骨往內縮，用讓胸部靠近地板維持 5 秒，回復 **1** 重複 10 下。

❷ 手臂側舉　　　　　　　　　　　　　　　 胸部　手臂

1 膝蓋併攏，雙手握住裝滿水的寶特瓶，雙手輕鬆放於大腿兩側。

2 吸氣，利用上臂力氣將雙手往兩側張開，平行肩膀維持 5 秒，回復 **1** 重複 10 下。

3 寶特瓶的重量可以逐漸增加。

❸ 手臂前舉

1 膝蓋併攏,雙手握住一個裝滿水的寶特瓶,雙手輕鬆放於大腿前側。

2 吸氣,利用上臂力氣將雙手往前伸直,與肩膀同高維持 5 秒,回復 **1** 重複 10 下。

④ 仰臥起坐

1 平躺於軟墊上，雙腳屈膝成 90 度，腳掌平貼於地，雙手環抱於胸或輕貼耳側。

2 吐氣，腹部出力微微捲起上身（不超過 45 度），稍停約 5 秒後慢慢下躺（不要完全躺平，約下躺至肩部），下躺時吸氣。重複 10 下。

3 將注意力放在腹部，想像肚子上有一顆球，就像用肚子把球包起來一樣。

⑤ 單腳抬舉 腹部

1 平躺在瑜珈墊上，兩腿併攏，單腿往上伸展，盡量與身體保持 90 度，注意膝蓋不可彎曲，維持 5 秒再慢慢放下，重複 10 下。再換腳做。

2 2 週後可做進階版，改為雙腳一起抬舉。

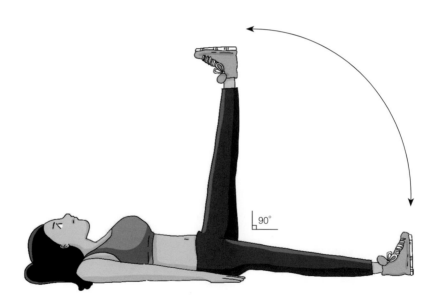

90°

❻ 雙腳開合

1 平躺於軟墊上，保持雙腿併攏抬高，與身體呈垂直 90 度。

2 吐氣，雙腿慢慢的像兩邊打開，就像剪刀一樣慢慢張開，維持 5 秒再收回 **1**。
重複 10 下。

3 記得腳尖往身體的方向勾

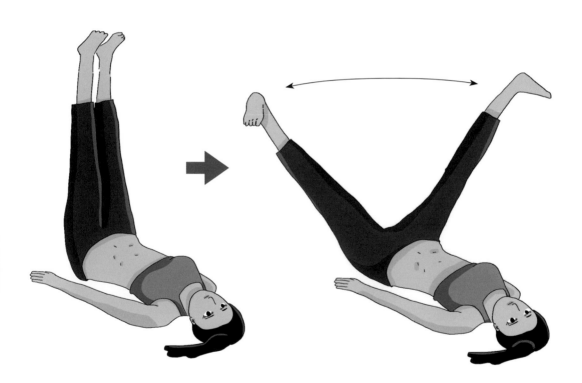

❼ 單側抬腿

1 靠左側躺下，把你的左手枕在頭部下方，右手放在胸前；要盡可能使身體保持筆直。

2 右腳慢慢往上抬起與臀部同高，其他部位保持不動，維持 5 秒；回復 **1** 重複 10 下。換靠右側做 10 次。

3 一開始若重心不穩，可將下方的腿彎曲。

4 進階版可搭配彈力帶輔助。

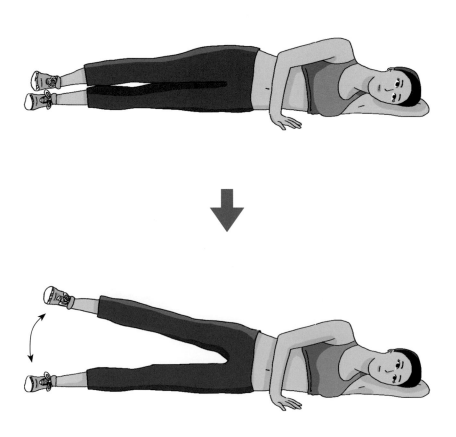

146

⑧ 深蹲

1 預備動作，雙腳距離與肩同寬或比肩距大一點，腳尖略向外張開 15 度左右。

2 上半身盡量挺直，將你的臀部往後坐（想像是要坐在一張椅子上），然後慢慢的往下坐，讓大腿與地面平行，維持 5 秒回復 **1** 重複 10 下。

3 進階版可搭配手臂運動的礦泉水瓶。

30
分鐘

1 屈膝伏地挺身 10 下

2 手臂側舉 10 下

3 手臂前舉 10 下

4 仰臥起坐 10 下

5 單腳抬舉 10 下

6 雙腳開合 10 下

7 單側抬腿 10 下

8 深蹲 10 下

做 3 ～ 5 個
循環

❶ 屈膝抬腿

臀、腿部

1 靠左側躺下，把你的左手枕在頭部下方，右手放在胸前；要盡可能使身體保持筆直，雙腿屈膝。

2 右膝蓋慢慢往上抬起至臀部高度，其他部位保持不動，維持 5 秒；回復 **1** 重複 15 下。換靠右側做 15 次。

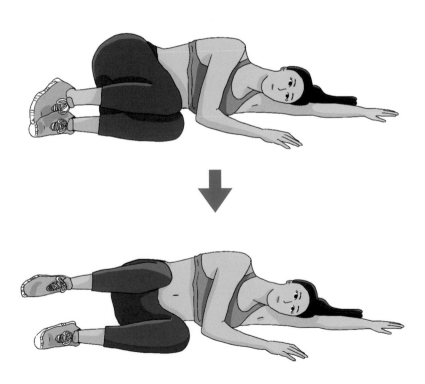

❷ 臀橋

1 平躺在軟墊上將雙腳屈膝，提肛縮緊臀部的肌肉。

2 雙腳著地、雙手緊貼地面，將臀部往內夾緊並抬起屁股，記得雙膝要夾緊，注意
膝蓋跟身體要呈一條直線。維持 5 秒；回復 **1** 重複 15 下。

45
分鐘

1 屈膝伏地挺身 15 下

2 手臂側舉 15 下

3 手臂前舉 15 下

4 仰臥起坐 15 下

5 單腳抬舉 15 下

6 雙腳開合 15 下

7 單側抬腿 15 下

8 深蹲 15 下

9 屈膝抬腿 15 下

10 臀橋 15 下

做 3 ～ 5 個
循環

❶ 跨腳抬腿 臀腿部

1 側躺在軟墊上，手扶住頭頸，後側腿往前跨越另一腿。另一手扶著腳踝。

2 伸直的腿，向上抬腿維持 5 秒；回復 **1** 重複 10 下。換邊做 20 次。

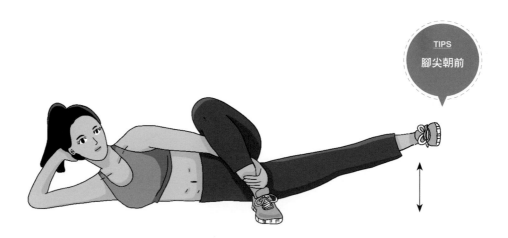

TIPS
腳尖朝前

❷ 臀橋進階

1 平躺在軟墊上將雙腳屈膝，提肛縮緊臀部的肌肉。

2 雙腳著地、雙手緊貼地面，踮腳將臀部往內夾緊

3 以臀腹力量抬起屁股，記得雙膝要夾緊，注意膝蓋跟身體要呈一條直線。維持 5 秒；回復 **1** 重複 20 下。

TIPS

雙膝夾緊

45-60 分鐘

1 ▸ 屈膝伏地挺身 20 下

2 ▸ 手臂側舉 20 下

3 ▸ 手臂前舉 20 下

4 ▸ 仰臥起坐 20 下

5 ▸ 單腳抬舉 20 下

6 ▸ 雙腳開合 20 下

7 ▸ 單側抬腿 20 下

8 ▸ 深蹲 20 下

9 ▸ 屈膝抬腿 20 下

10 ▸ 臀橋 20 下

11 ▸ 臀橋進階 20 下

12 ▸ 跨腳抬腿 20 下

做 3〜5 個 循環

加強全身肌力訓練，將前三週的運動，再增加三個動作加強全身肌力訓練，每一個循環做 25 下，每天做至少 3 ～ 5 個循環。

❶ 俯身上拉 　　　　　　　　　　　　　　　　胸背部

1 兩手握住裝滿水的寶特瓶，腳張開與同肩寬，膝關節自然放鬆微曲，呼氣拉起。

2 吐氣，先收緊肩胛骨，展開雙肩，雙肘儘量貼住身體，帶動手臂舉起寶特瓶拉起，身體不能上下晃動過大。維持 5 秒；回復 **1** 重複 25 下。

3 想像手肘有一條繩子將手臂往上拉。

❷ 平板支撐＋臀部屈伸 核心肌群

1 趴在軟墊上，雙手手肘與肩同寬，撐起上半身，雙腳打直腳尖踩地。維持 5 秒。

2 將臀部往上、往後抬高，維持 5 秒；回復 **1** 重複 25 下。

❸ 大腿屈伸

1 雙腿跪趴在軟墊上，雙腿張開與肩同寬，雙手扶地。

2 單腿往後抬高，維持 5 秒；回復 **1** 重複 25 下。換邊做 25 次。

1 ▶ 屈膝伏地挺身 25 下

2 ▶ 手臂側舉 25 下

3 ▶ 手臂前舉 25 下

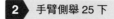

4 ▶ 仰臥起坐 25 下

5 ▶ 單腳抬舉 25 下

6 ▶ 雙腳開合 25 下

7 ▶ 單側抬腿 25 下

8 ▶ 深蹲 25 下

9 ▶ 屈膝抬腿 25 下

10 臀橋 25 下　　　　　**11** 臀橋進階 25 下　　　　　**12** 跨腳抬腿 25 下

13 俯身上拉 15 下　　　　**14** 平板支撐 + 臀部屈伸　　　**15** 大腿屈伸 25 下
　　　　　　　　　　　　　　　　25 下

做 3 ～ 5 個
循環

60
分鐘

234 瘦身飲食法

美女營養師實證！減肥不減健康，55 道好油低醣家常菜，肉品海鮮、飯麵鍋物都能吃，
1 年激瘦 23 公斤！

作　　　者／宋侑璇
人 物 攝 影／葛夫
料 理 攝 影／泰坦攝影工作室
美 術 編 輯／申朗創意

總 編 輯／賈俊國
副 總 編 輯／蘇士尹
編　　　輯／高懿萩
行 銷 企 畫／張莉滎 ‧ 蕭羽猜

發 行 人／何飛鵬
法 律 顧 問／元禾法律事務所王子文律師
出　　　版／布克文化出版事業部
　　　　　　台北市中山區民生東路二段 141 號 8 樓
　　　　　　電話：(02)2500-7008　傳真：(02)2502-7676
　　　　　　Email：sbooker.service@cite.com.tw
發　　　行／英屬蓋曼群島商家庭傳媒股份有限公司城邦分公司
　　　　　　台北市中山區民生東路二段 141 號 2 樓
　　　　　　書虫客服服務專線：(02)2500-7718；2500-7719
　　　　　　24 小時傳真專線：(02)2500-1990；2500-1991
　　　　　　劃撥帳號：19863813；戶名：書虫股份有限公司
　　　　　　讀者服務信箱：service@readingclub.com.tw
香港發行所／城邦（香港）出版集團有限公司
　　　　　　香港灣仔駱克道 193 號東超商業中心 1 樓
　　　　　　電話：+852-2508-6231　傳真：+852-2578-9337
　　　　　　Email：hkcite@biznetvigator.com
馬新發行所／城邦（馬新）出版集團 Cité (M) Sdn. Bhd.
　　　　　　41, Jalan Radin Anum, Bandar Baru Sri Petaling,
　　　　　　57000 Kuala Lumpur, Malaysia
　　　　　　電話：+603- 9057-8822　傳真：+603- 9057-6622
　　　　　　Email：cite@cite.com.my
印　　　刷／韋懋實業有限公司
初　　　版／2020 年 9 月
售　　　價／380 元
I S B N／978-986-5405-74-8

城邦讀書花園
www.cite.com.tw　WWW.SBOOKER.COM.TW　布克文化